내가
사랑하는
따뜻한 것들…

2way로 사용하는
모자, 목도리, 쇼올 손뜨개

구게 나쓰미 지음 | 이소영 옮김 | 박진선 감수

WILLSTYLE

저는 언제나 산더미 같은 실로 둘러싸여 지냅니다.

작품에 들어갈 때면, 저는 우선 실과 이야기를 해보곤 합니다.

그렇게 해서 완성되는 것들은 목도리인 듯 모자인 듯

액세서리인 듯 그 모양도 제각각이지만,

하나에서 열까지 모두가 목에 감으면 따뜻한 목도리입니다.

시간과 정성을 들여 뜨개질한 것이니

여러 가지 방법으로 활용할수록 좋겠지요.

이번에는 그러한 작품들을 모아보았습니다.

콧수가 좀 달라도 상관없습니다.

반듯하고 깔끔한 모양이 아니어도 괜찮습니다.

그게 바로 손뜨개의 매력이니까요.

실은 만지는 동안 손에 착 감기듯 익숙해질 것입니다.

손뜨개를 어렵게 생각하지 말고

우선은 눈앞에 있는 실에게 '무엇이 되고 싶니?'하고

물으며 시작해보면 어떨까요?

여러분의 추운 계절이, 모두 따뜻해지길 바라며….

구게 나쓰미

들어가며 ...p.3

A 모자 목도리 a ...p.6 (p.49)

Reversible 3way

B 모자 목도리 b ...p.8 (p.44)

Reversible 3way

C 방울방울 목도리 ...p.10 (p.52)

2way

D 세갈래 땋기 목도리 ...p.12 (p.54)

3way

E 러그풍 목도리 ...p.14 (p.56)

Reversible 2way

F 퍼프 슬리브 목도리 ...p.16 (p.58)

2way

G 복슬복슬 목도리 ...p.18 (p.61)

Reversible 2way

H 볼륨 세갈래 땋기 목도리 ...p.20 (p.63)

I 트위드 목도리 ...p.22 (p.64)

2way

* ( ) 안은 **How to make**

J 리버시블 넥칼라 ...p.24 (p.66)

Reversible 2way

K 긴 술 목도리 ...p.26 (p.68)

Reversible 2way

L 엄마와 딸 목도리 ...p.28 (p.70)

2way

M 파카 목도리 ...p.30 (p.72)

2way

N 포켓 목도리 ...p.32 (p.74)

2way

O 콤비네이션 목도리 ...p.34 (p.76)

3way

P 짧은 술 목도리 ...p.36 (p.78)

2way

Q 코르사주 ...p.38 (p.77)

R 목걸이 ...p.38 (p.79)

기본적인 도구와 재료 ...**p.40**

코바늘 코 잡기 ...**p.41**

코바늘 고리 만들기 ...**p.41**

대바늘 코 잡기 ...**p.41**

이 책에서 사용한 코바늘 기법 ...**p.42**

이 책에서 사용한 대바늘 기법 ...**p.43**

이 책에서 사용한 실과 대체실 ...**p.80**

A 모자 목도리 a

Reversible 3way

폭신한 실로 뜬 목도리는 더없이 부드럽고
방한효과도 좋은 겨울 소품.
좋아하는 두 가지 색으로 떠서 양면으로 활용하면
순식간에 표정을 바꾸는 목도리와 모자가 완성됩니다.

How to make ...p.49

B 모자 목도리 b

Reversible 3way

2가지 디자인의 모자와 목도리로 활용하는 아이템.
모자를 펼쳐서 똑딱단추로 고정하면
따뜻하고 세련된 목도리가 됩니다.

How to make …p.44

C 방울방울 목도리

2way

팝콘뜨기 편물은 똑딱단추로 고정해서 목도리로,
여기에 리본을 묶어주면 단정한 분위기에도 어울립니다.
취향에 따라 다양한 색의 리본으로 바꿔가며 즐길 수 있습니다.

How to make …p.52

D 세갈래 땋기 목도리

3way

실 자체를 대담하게 세갈래 땋기 한 디자인.
세갈래 땋기와 교차뜨기 기법을 조합해보았습니다.
두르는 방법에 따라 다양한 표정을 즐길 수 있습니다.

How to make …p.54

E 러그풍 목도리

Reversible 2way

변형 구슬뜨기로 짠 바탕 위에
사슬뜨기로 루프를 만들었습니다.
뒤집어서 사용하면 순식간에
표정이 바뀌는 2way 목도리.

How to make …p.56

F 퍼프 슬리브 목도리

2way

변형 구슬뜨기로 만든 퍼프소매는
옷으로 입어도, 그냥 둘러도
코디네이트의 주인공이 됩니다.

How to make …p.58

G 복슬복슬 목도리

Reversible 2way

겉도 안도 양털 같은 표정의 목도리.
볼륨이 있어 따뜻하고
헤드밴드로도 쓸 수 있습니다.

How to make …p.61

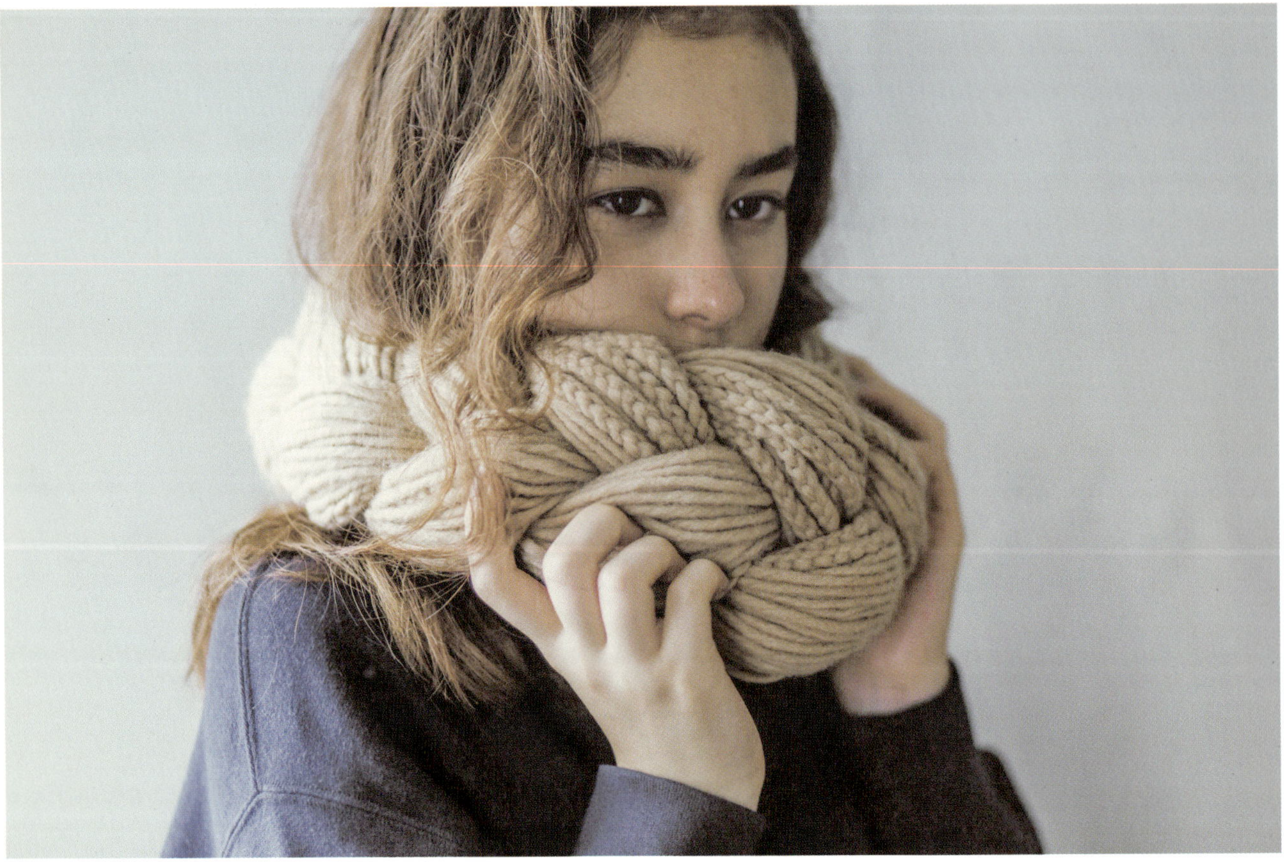

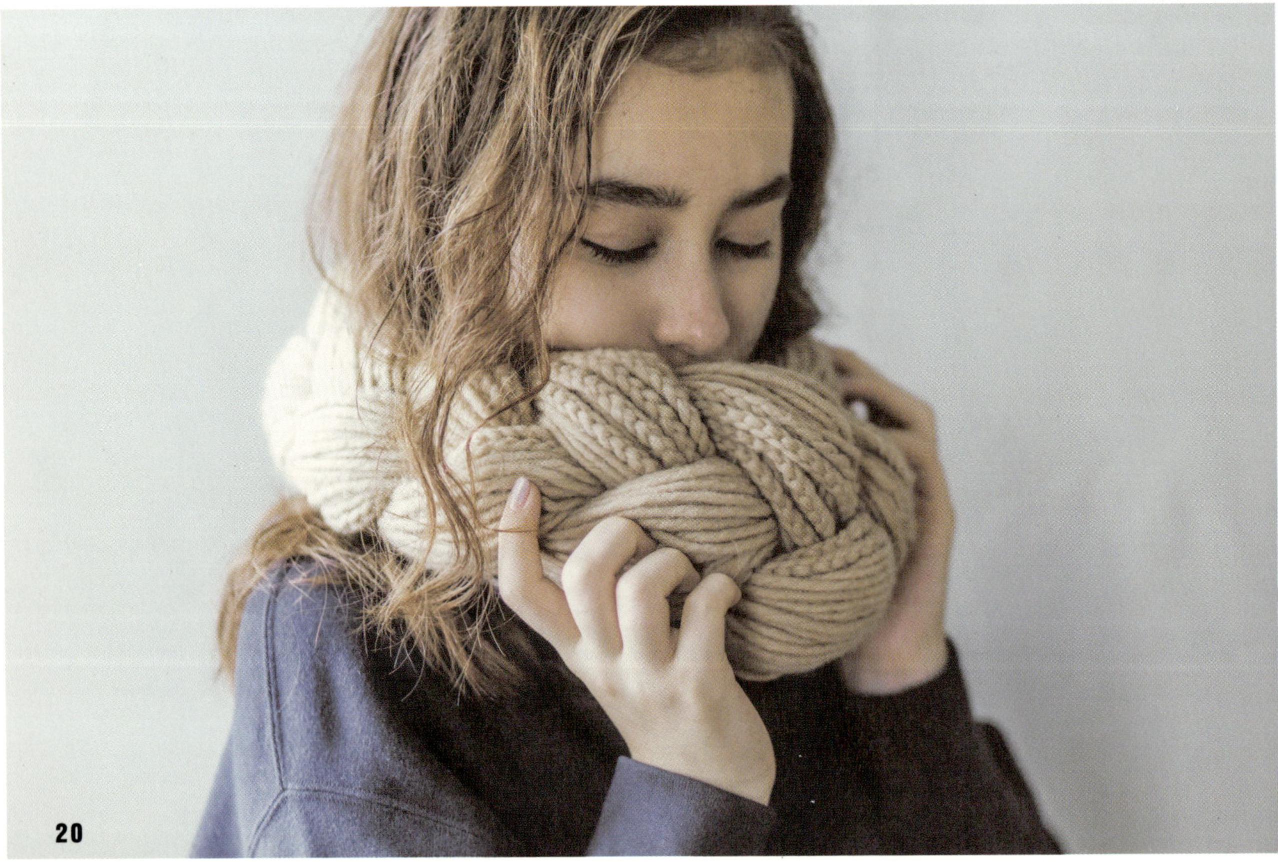

H 볼륨 세갈래 땋기 목도리

두툼한 실을 그대로 사용해 굵게 세갈래 땋기를 했습니다.
볼륨감 넘치는 개성 있는 디자인.

How to make ...p.63

I 트위드 목도리

2way

색 조화가 예쁜 팝콘뜨기는 마치 케이크 속 딸기 같습니다.
살짝 둘러 핀으로 고정하면 단조로운 의상에 포인트를 줍니다.

How to make …p.64

J 리버시블 넥칼라

Reversible 2way

변형 구슬뜨기를 바탕으로 하고,
사슬뜨기로 만든 루프를 더해준 칼라입니다.
크기는 작아도 목둘레가 따뜻해지는 소품.

How to make ...p.66

K 긴 술 목도리

Reversible 2way

양 끝에 긴 술을 달아보았습니다.
리본으로 묶거나 그대로 늘어뜨려
연출해도 멋스러운, 실 자체의 매력을
즐길 수 있는 목도리.

How to make …p.68

L 엄마와 딸 목도리

2way

엄마는 가볍게 두르고 딸은 팔을 끼워 입는,
메리야스뜨기와 가터뜨기로 표정을 달리한 목도리.

How to make ...p.70

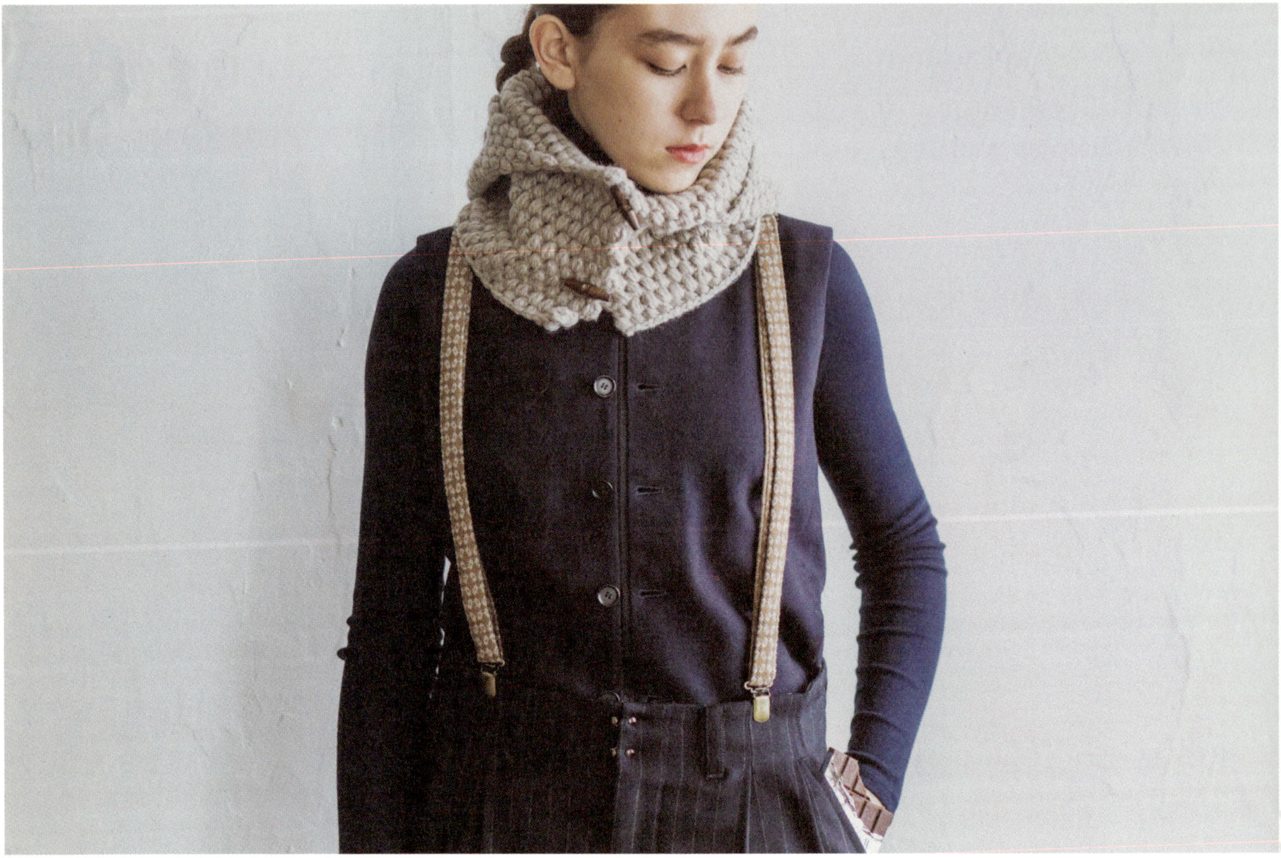

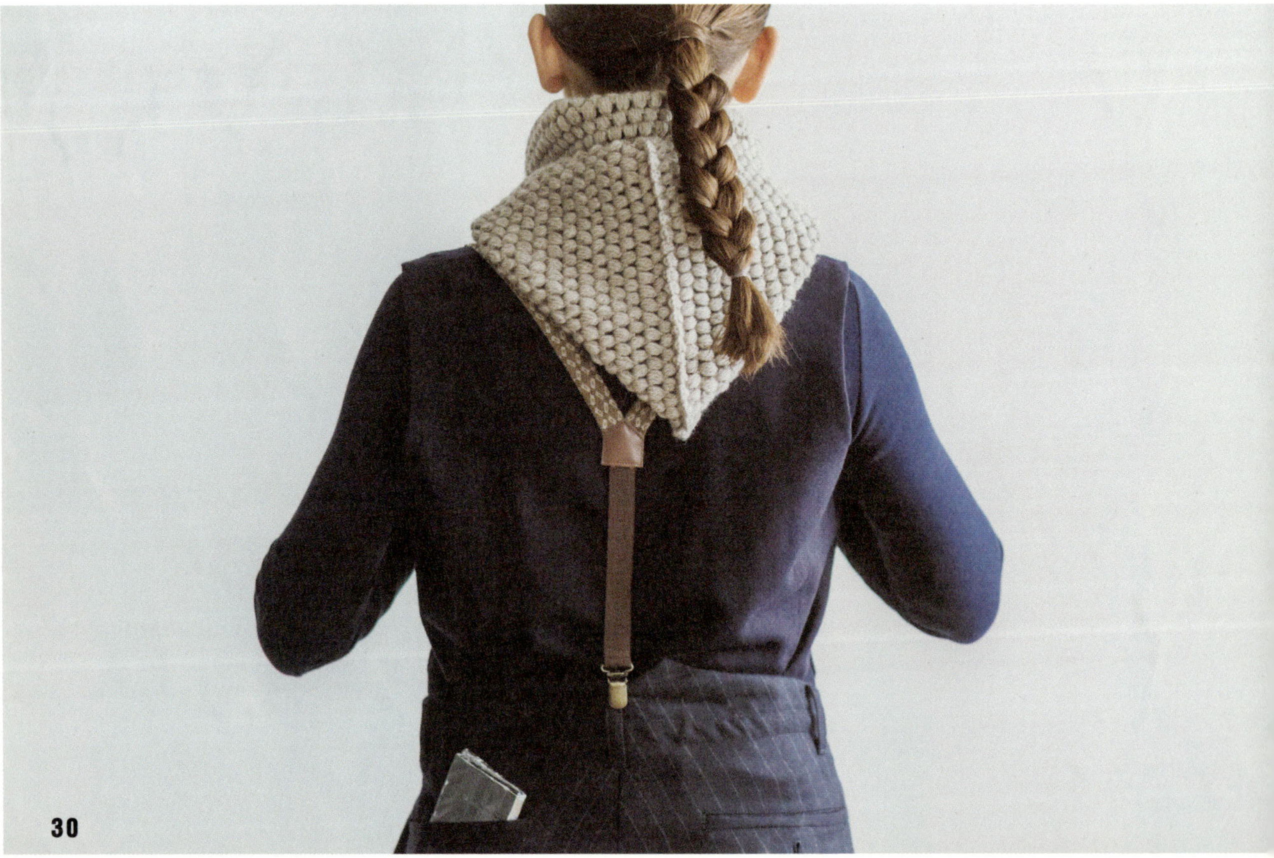

M 파카 목도리

2way

후드를 꺼내어 외투를 입기 전 둘러주면 카굴풍 목도리가 완성됩니다.
합태사와 초극태사로 만든, 가볍지만 든든한 느낌의 목도리.

How to make …p.72

N 포켓 목도리

2way

〈엄마와 딸 목도리〉(p.28)와 같은 실을
더 굵은 바늘로 성기게 떠서 부드럽게 완성했습니다.
장갑처럼 주머니를 활용하거나, 무엇이든 넣어보는 것도 즐거움.

How to make ...p.74

O 콤비네이션 목도리

3way

두 개의 목도리를 겹쳐서 코디네이트하는 목도리.
물론 따로 써도 되고, 겹쳐서 코디해도 멋스럽습니다.

How to make ...p.76

P 짧은 술 목도리

2way

메리야스뜨기의 안쪽을 밖으로 드러내고,
짧은 술을 풍성하게 붙인 디자인.
어른에게는 스웨터처럼,
아이가 입으면 판초가 됩니다.

How to make …p.78

Q 코르사주

R 목걸이

머리나 옷에 장식해 코디에 악센트를 주는 코르사주.
울 목걸이는 따뜻하고 가벼워 느낌이 정말 좋습니다.

How to make ...p.77, 79

How to make

콧수가 조금 틀려도 그것조차 재미있는 모양이 됩니다.
이렇게 가벼운 마음으로 뜨개를 시작해보세요.
마음에 드는 색과 실을 골라
포근하고 따뜻한 나만의 목도리를 떠보세요!

기본적인 도구와 재료

※이 책에서 사용한 실은 모두 국내에서도 구입이 가능하나, 좀더 쉽게 구할 수 있는 대체실 리스트를 p.80에서 소개하고 있습니다.

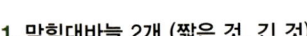

1. 막힘대바늘 2개 (짧은 것, 긴 것)
머플러 등 평평한 편물을 뜰 때 사용한다. 끝 부분이 막혀있어 코가 빠지지 않아 편리하다. 짧은 바늘은 소품을 뜰 때 사용한다.

2. 장갑바늘
모자 등 원형뜨기에 사용한다.

3. 털실
굵기별로 극세, 중세, 합태, 병태, 극태, 초극태사가 있으며 모양도 루프, 슬러브, 트위드 등 다양하다.

4. 줄바늘
2개의 대바늘이 비닐소재의 줄로 연결되어 있어 원형뜨기를 할 때 편리하다.

5. 꽈배기바늘 (교차뜨기 바늘)
코가 교차하는 꽈배기무늬 등을 뜰 때 나중에 뜨는 코를 잠시 걸어놓는 바늘.

6. 단수링
뜨기 시작한 위치나 단수를 표시할 때 쓰인다.

7. 수예용 가위
세밀한 작업에 편한 작은 가위.

8. 코바늘
호수가 커질수록 굵어진다. 실의 굵기에 맞는 바늘을 사용한다.

9. 핀꽂이
시침핀 등을 꽂아둔다.

10. 시침핀
편물용 시침핀은 머리 부분이 크고 실을 가르지 않도록 바늘 끝이 뭉툭하다.

11. 똑딱단추
작품에 맞는 사이즈와 색을 골라 사용한다.

12. 단추
작품에 맞는 형태와 색을 골라 사용한다.

13. 자
편물의 길이를 측정한다.

14. 돗바늘
실 끝을 정리하거나 편물을 연결할 때 쓴다.

코바늘 코 잡기

1. 검지와 엄지에 실을 걸고 바늘 끝에 실을 걸어 아래쪽 실 밑으로 통과시킨다.

2. 바늘을 그대로 들어 올려 검지 쪽에 걸린 실을 바늘에 건다.

3. 2에서 걸어온 실을 고리 속에 통과시킨다.

4. 긴 쪽의 실을 잡아당기면 코가 완성.

코바늘 고리 만들기

1. 검지에 실 끝을 2번 감는다.

2. 바늘 끝을 고리 속에 넣고 맨 안쪽 실을 건다.

3. 2에서 건 실을 두 개의 고리 밖으로 빼낸다. 그대로 바늘에 실을 걸고 한 번 더 빼낸다.

4. 고리가 완성된 모습. 실을 손가락에서 빼낸다 (이 코는 콧수를 셀 때 포함시키지 않는다).

대바늘 코 잡기

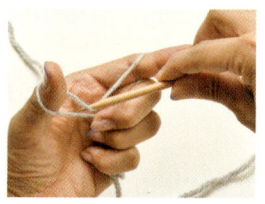   

1. 검지와 엄지에 걸린 실을 바늘 끝에 걸고 아래쪽 실 밑으로 통과시킨다.

2. 바늘을 그대로 들어 올려 검지쪽 실을 건다.

3. 바늘 끝에 걸린 실을 고리 속에 통과시킨다.

4. 긴 쪽을 잡아당기면 첫 코가 완성된다.

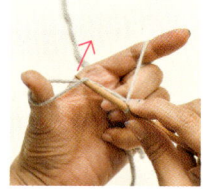    

5. 다시 엄지에 걸린 실을 들어 올린다.

6. 바늘 끝에 검지쪽 실을 건다.

7. 6을 엄지쪽 구멍에 통과시킨다.

8. 엄지에 걸린 실을 빼고 당긴다.

9. 이 과정을 반복하여 필요한 콧수를 만든다.

이 책에서 사용한 코바늘 기법

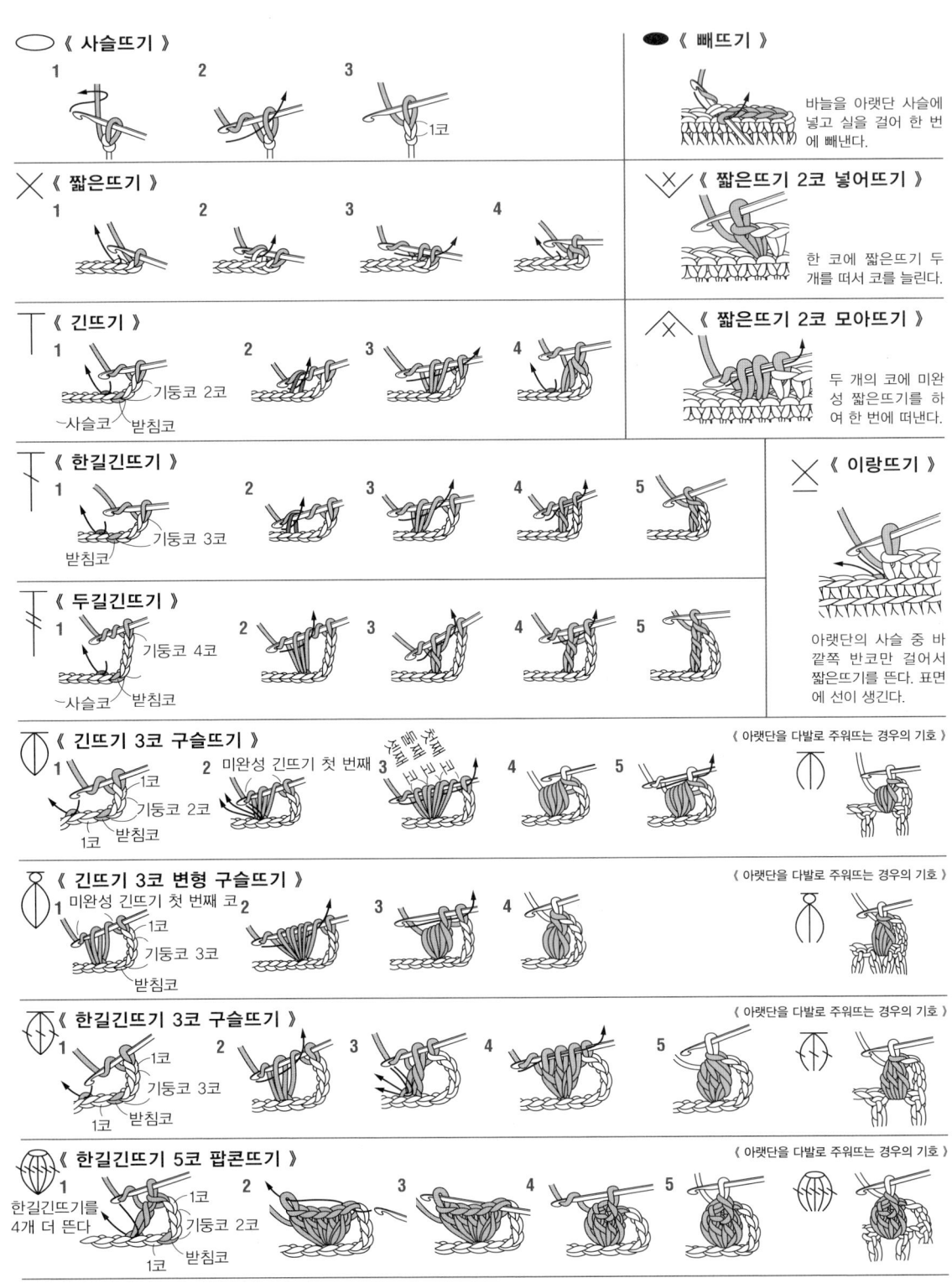

《 사슬뜨기 》

《 빼뜨기 》
바늘을 아랫단 사슬에 넣고 실을 걸어 한 번에 빼낸다.

《 짧은뜨기 》

《 짧은뜨기 2코 넣어뜨기 》
한 코에 짧은뜨기 두 개를 떠서 코를 늘린다.

《 긴뜨기 》
기둥코 2코
사슬코   받침코

《 짧은뜨기 2코 모아뜨기 》
두 개의 코에 미완성 짧은뜨기를 하여 한 번에 떠낸다.

《 한길긴뜨기 》
기둥코 3코
받침코

《 이랑뜨기 》
아랫단의 사슬 중 바깥쪽 반코만 걸어서 짧은뜨기를 뜬다. 표면에 선이 생긴다.

《 두길긴뜨기 》
기둥코 4코
사슬코   받침코

《 긴뜨기 3코 구슬뜨기 》
미완성 긴뜨기 첫 번째
첫째 둘째 셋째
1코
기둥코 2코
1코
받침코
《 아랫단을 다발로 주워뜨는 경우의 기호 》

《 긴뜨기 3코 변형 구슬뜨기 》
미완성 긴뜨기 첫 번째 코
1코
기둥코 3코
받침코
《 아랫단을 다발로 주워뜨는 경우의 기호 》

《 한길긴뜨기 3코 구슬뜨기 》
1코
기둥코 3코
1코
받침코
《 아랫단을 다발로 주워뜨는 경우의 기호 》

《 한길긴뜨기 5코 팝콘뜨기 》
한길긴뜨기를 4개 더 뜬다
1코
기둥코 2코
1코
받침코
《 아랫단을 다발로 주워뜨는 경우의 기호 》

42

이 책에서 사용한 대바늘 기법

│ 《 겉뜨기 》

1　　2　　3　　4

─ 《 안뜨기 》

1　　2　　3　　4

⟋ 《 오른코 늘리기 》

1　　2　　3　　4　늘어난 코

왼쪽 코의 아랫단 코를 끌어올린다.

1을 겉뜨기로 뜬다.

다음 코를 겉뜨기로 뜬다.

⟍ 《 왼코 늘리기 》

1　　2　　3　　4　　5　늘어난 코

오른쪽 코의 2단 아래의 코를 끌어올린다.

끌어올린 코를 왼쪽 바늘에 옮긴다.

오른쪽 바늘을 찔러넣어 겉뜨기로 뜬다.

╱ 《 왼코 줄이기 》

1　　2　　3　　4

왼쪽에 걸린 코 두 개를 한번에 줍는다.

동시에 겉뜨기로 뜬다.

왼쪽바늘을 빼낸다.

╲ 《 오른코 줄이기 》

1　　2　　3　　4　　5

코 하나를 뜨지 않은 채 오른쪽 바늘로 옮긴다.

다음코를 겉뜨기로 뜬다.

왼쪽바늘로 2에 1을 덮어 씌운다.

바늘을 빼낸다.

⤬ 《 오른쪽 교차뜨기(2코) 》　　※ 이 책에서는 4코로 떴습니다.

1　② ①　　2　　3　　4

꽈배기바늘에 2코를 옮겨 앞으로 빼두고 ①, ②의 순서로 각각 겉뜨기 한다.

꽈배기바늘에 옮겨두었던 코를 겉뜨기 한다.

나머지 하나의 코도 동일하게 뜬다.

⤬ 《 왼쪽 교차뜨기(2코) 》　　※ 이 책에서는 4코로 떴습니다.

1　② ①　　2　　3　　4

꽈배기바늘에 2코를 옮겨 뒤쪽으로 넘겨두고 ①, ②의 순서로 각각 겉뜨기 한다.

꽈배기바늘에 옮겨두었던 코를 겉뜨기 한다.

나머지 하나의 코도 동일하게 뜬다.

B 모자 목도리 b
photo ...p.8

a

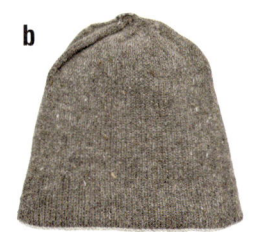
b

◎**재료**

a. 하마나카 소노모노 알파카 울 col.44 × 3.5볼 (140g)

b. 하마나카 소노모노 트위드 col.75 × 1.5볼 (60g)

똑딱단추 직경 25mm × 1개

◎**도구**

코바늘 7호 (7/0), 8호 (8/0)

줄바늘 7호 60cm

장갑바늘 7호

◎**완성 사이즈**

모자 … 머리둘레 58cm, 깊이 24cm

목도리 … 목둘레 48cm

◎**뜨는 방법**

1. **a**실은 7호 코바늘로 도안대로 뜬다. 《**도안 a**》

   ※ 중심은 고리에서 한길긴뜨기 10개로 시작한다.

   ※ 중간에 8호 바늘로 바꾸었다가 마지막 단은 다시 7호 바늘로 뜬다.

2. **1**의 마지막 단 짧은뜨기 후 실을 빼내어 60cm의 7호 줄바늘과 **b**실로 91코를 잡는다. 《**도안 b**》

   21cm (70단 전후) 를 겉뜨기 원형뜨기로 떠올린다. 21cm 가 되면 7호 장갑바늘에 실을 옮기고 코를 줄여가며 마지막까지 뜬다. 《**도안 b**》

3. 양 끝에 똑딱단추를 달아주면 완성. (단추 중 볼록한 쪽을 구슬뜨기면에 단다.)

---

1. 알파카 울 뜨기 (구슬뜨기 부분)

1. 중심 고리를 만든다. (p.41 참조)

2. 기둥이 되는 사슬 3코를 뜬다 (이것을 한길긴뜨기 1개로 센다).

3. 고리 안에 바늘을 넣어 한 길긴뜨기 9개를 더 뜬다.

4. 실을 당겨서 고리를 조인다.

▷

5. 기둥의 세 번째 사슬에 바늘을 넣고 빼뜨기를 하면 한길긴뜨기 10개가 완성.

▷

6. 모양뜨기의 시작. 우선 기둥코 사슬 2개를 뜬다.

《 도안 a 》

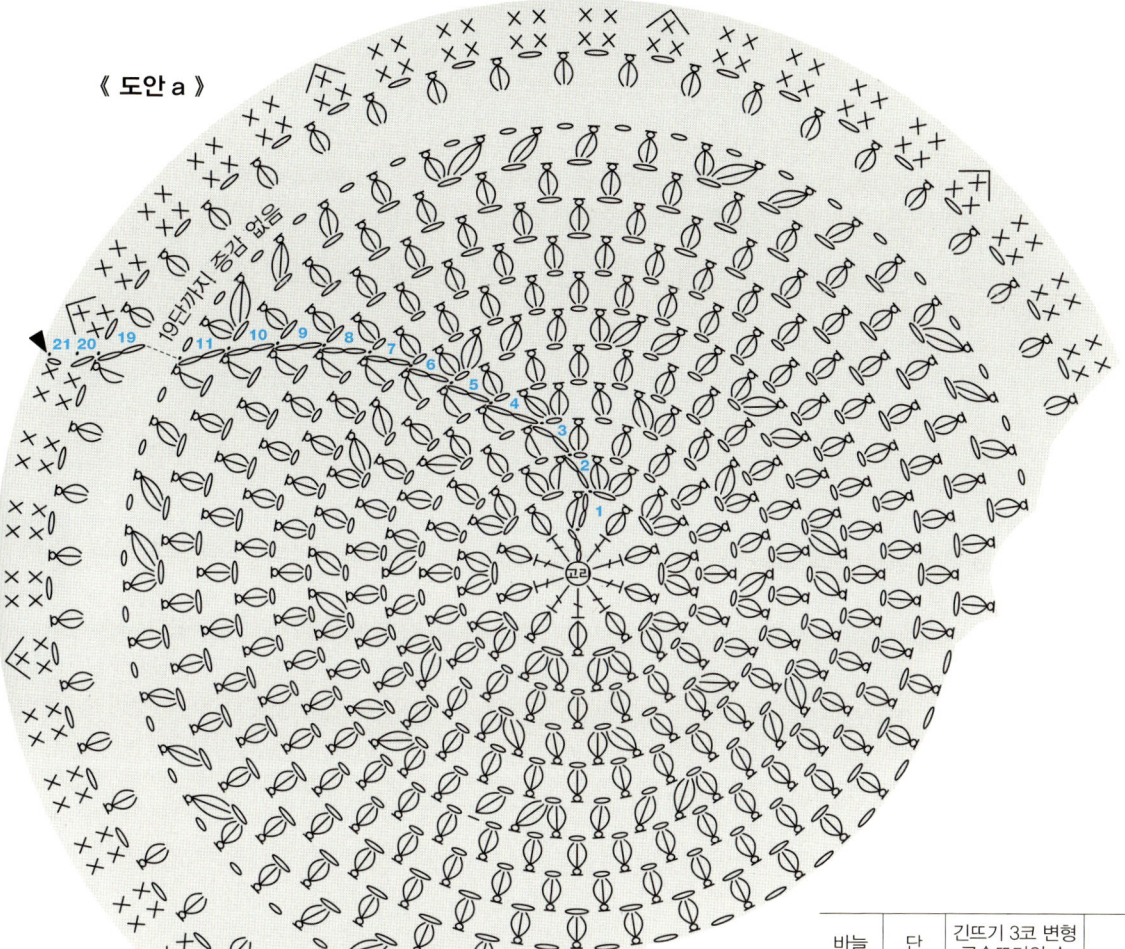

19단까지 증감 없음

○ = 사슬뜨기

• = 빼뜨기

✕ = 짧은뜨기

† = 한길긴뜨기

⬭ = 긴뜨기 3코 변형 구슬뜨기

⋏ = 짧은뜨기 2코 모아뜨기

◁ = 시작점

◀ = 끝점

바늘	단	긴뜨기 3코 변형 구슬뜨기의 수	구슬의 증가
7호	21	짧은뜨기 90코	짧은뜨기 −10코
	20	짧은뜨기 100코	(구슬 사이 사슬에 2코씩 짧은뜨기)
	19	50개	
	18	50개	
	17	50개	
	16	50개	
8호	15	50개	9단
	14	50개	
	13	50개	
	12	50개	
	11	50개	+ 10개
	10	40개	
	9	40개	
	8	40개	5단
	7	40개	
	6	40개	+ 10개
	5	30개	
7호	4	30개	+ 10개
	3	20개	
	2	20개	+ 10개
	1	10개	(구슬과 구슬 사이에 사슬 1코)
	시작코	고리에 한길긴뜨기 10코	

7. 기둥코 사슬 2개를 긴뜨기 1개로 세고, 남은 2개를
더 떠서 긴뜨기 3코 변형 구슬뜨기를 뜬다.

8. 사슬 1코를 뜬다.

9. 계속해서 긴뜨기 3코 변
형 구슬뜨기와 사슬 1코를
반복해서 뜬다.

10. 10개의 변형 구슬뜨기가
들어가는 1단.

11. 첫 번째 구슬에 바늘을
넣어 빼뜨기 한다.

12. 2단은 아랫단의 사슬을 감싸듯 다발로
주워서 뜬다. 사슬 1코의 공간에 2개의
변형구슬뜨기를 떠서 개수를 늘린다.

13. 2단째, 4단째, 6단째에
구슬을 늘린다

《 도안 b 》

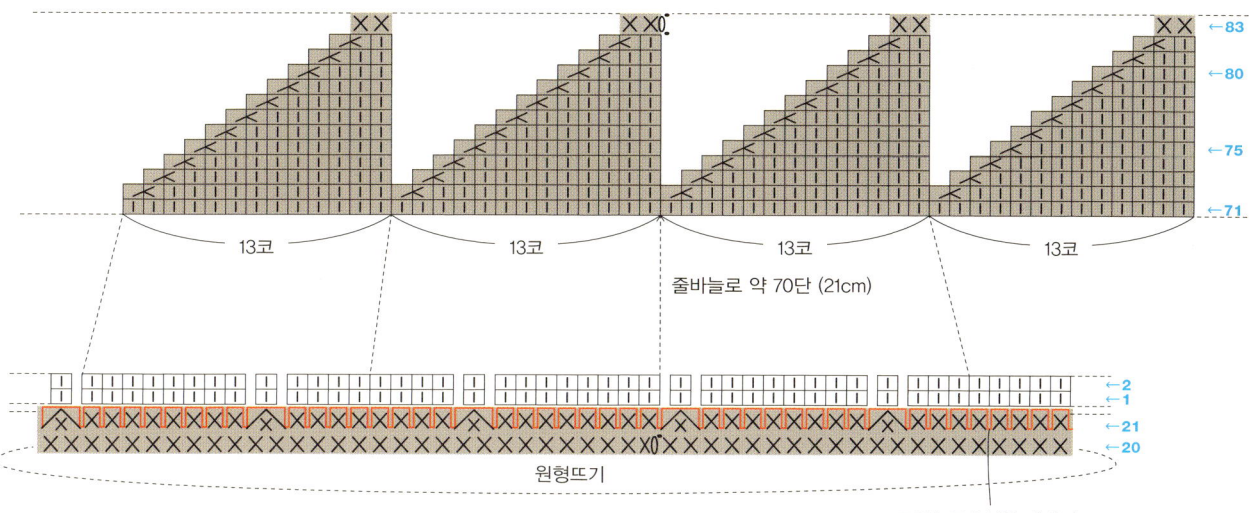

13코　　　13코　　　13코　　　13코

줄바늘로 약 70단 (21cm)

원형뜨기

코바늘로 b실을 빼내어
줄바늘에 건다 (91코 잡기)
※과정 사진 참조

□ = 겉뜨기

☑ = 왼코 줄이기

‐ = 빼뜨기

2. 트위드 뜨기

14. 9단부터 8호 바늘로 바꾸고, 11단에서 다시 구슬을 늘린다.

15. 20, 21단째는 짧은뜨기를 한다 (21단에서 코 줄이기).

1. 마지막단 짧은뜨기에서 코바늘로 b실을 끌어내고, 7호 60cm의 줄바늘에 건다. 한 바퀴에 91코가 되도록 코를 잡는다.

2. 뜨기 시작한 위치에 단수 링을 걸어두면 알아보기 쉽다.

3. 겉뜨기로 뜬다.

4. 겉뜨기 원형뜨기로 약 21cm (70단)이 될 때까지 뜬다.

약 21cm
(70단)

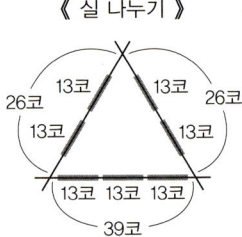

《 실 나누기 》

26코 13코 13코 26코
13코 13코
13코 13코 13코
39코

5. 코를 줄이기 위해 7호 장갑 바늘로 코를 옮긴다(실 나누기는 오른쪽 그림 참조).

6. 12, 13번째 코를 한 번에 떠서 코를 줄인다. 이후 《**도안 b**》와 같이 코를 줄인다.

7. 마지막에 짧은뜨기로 쭉 둘러준다.

3. 똑딱단추 달기

완성

1. 돗바늘에 실을 꿰고 마지막 코에 실을 통과시킨다.

2. 마지막 단의 코에 3~4cm 실을 통과시켜 감춘 후 자른다.

3. 단추를 단다. 볼록 튀어나온 쪽을 구슬뜨기면에 단다.

48

A 모자 목도리 a
photo ...p.6

a

b

◎ **재료**

a. 달마 손뜨개 실, 원사에 가까운 메리노울 × 2.5볼 (75g)

b. 올림푸스 에버필 No.102 × 2볼 (80g)

똑딱단추 직경 25mm × 1개

◎ **도구**

코바늘 6호 (6/0), 7호 (7/0)

줄바늘 9호 60cm

장갑바늘 9호

◎ **완성 사이즈**

모자 … 머리둘레 58cm, 깊이 24cm

목도리 … 목둘레 48cm

◎ **뜨는 방법**

1. **a**실은 6호 코바늘로 도안과 같이 뜬다. 《**도안 a**》
   ※사슬 15개로 고리를 만들고, 짧은뜨기 20개를
   떠서 중심을 만든다.
   ※중간에 7호 코바늘로 바꾸어 뜨다가 마지막 단에서
   다시 6호 바늘로 바꾼다.

2. **1**의 마지막 단 짧은뜨기에서 코바늘로 **b**실을 끌어내
   고 9호 60cm 줄바늘로 110코를 잡는다. 《**도안 b-1**》
   겉뜨기와 안뜨기를 도안과 같이 원형뜨기로 뜬다.
   《**도안 b-1**》, 《**도안 b-2**》
   62단까지 뜨고 9호 장갑바늘에 실을 옮긴 후 코를 줄
   여가며 마지막까지 뜬다.

3. 양 끝에 똑딱단추를 달아주면 완성. (단추 중 볼록한
   쪽을 구슬뜨기면에 단다.)

《 도안 a 》

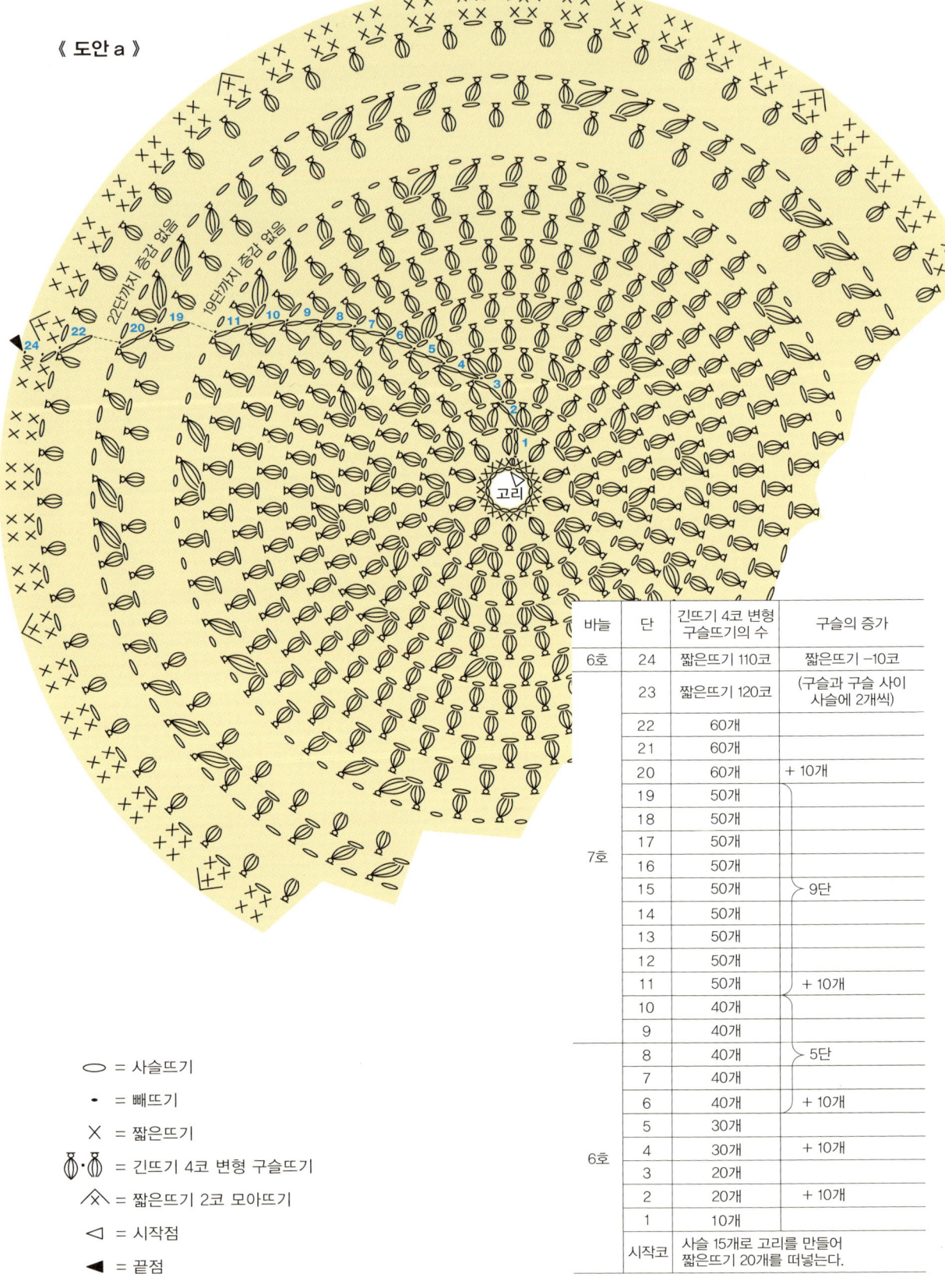

바늘	단	긴뜨기 4코 변형 구슬뜨기의 수	구슬의 증가
6호	24	짧은뜨기 110코	짧은뜨기 −10코
	23	짧은뜨기 120코	(구슬과 구슬 사이 사슬에 2개씩)
7호	22	60개	
	21	60개	
	20	60개	+ 10개
	19	50개	
	18	50개	
	17	50개	
	16	50개	
	15	50개	9단
	14	50개	
	13	50개	
	12	50개	
	11	50개	+ 10개
	10	40개	
	9	40개	
	8	40개	5단
	7	40개	
	6	40개	+ 10개
6호	5	30개	
	4	30개	+ 10개
	3	20개	
	2	20개	+ 10개
	1	10개	
	시작코	사슬 15개로 고리를 만들어 짧은뜨기 20개를 떠넣는다.	

◯ = 사슬뜨기

• = 빼뜨기

✕ = 짧은뜨기

= 긴뜨기 4코 변형 구슬뜨기

∧ = 짧은뜨기 2코 모아뜨기

◁ = 시작점

◀ = 끝점

《 도안 b-1 》

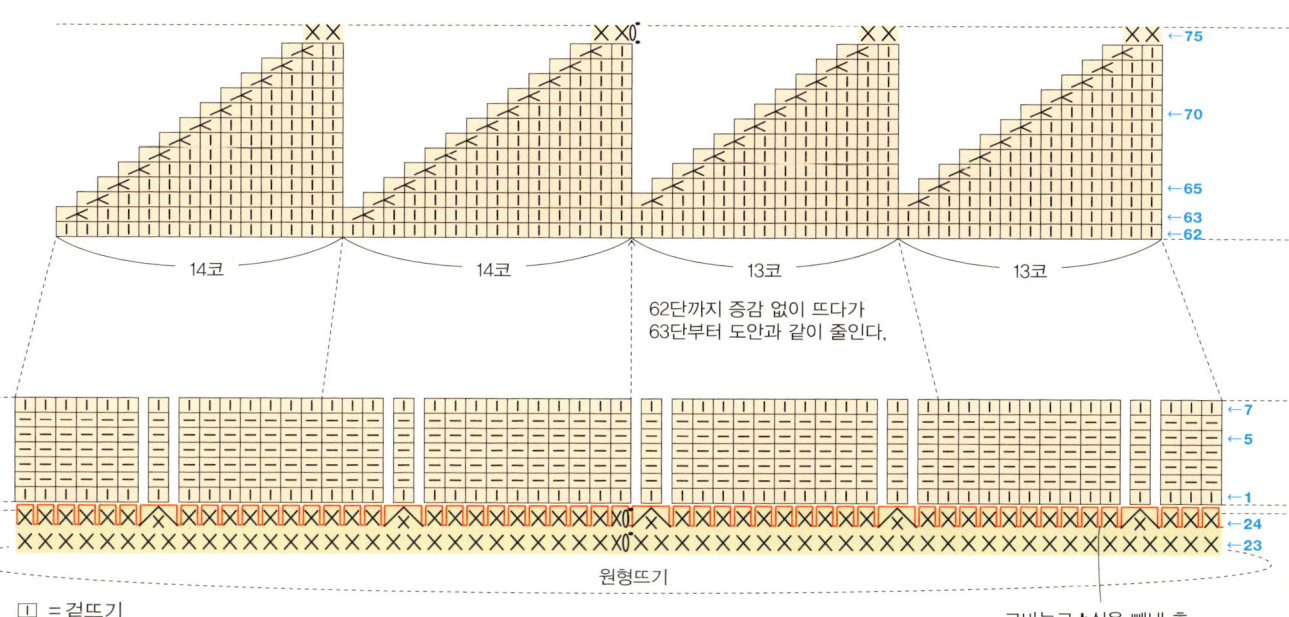

14코 14코 13코 13코

62단까지 증감 없이 뜨다가
63단부터 도안과 같이 줄인다.

원형뜨기

□ = 겉뜨기

□ = 안뜨기

☑ = 왼코 줄이기

• = 빼뜨기

코바늘로 **b**실을 빼낸 후
줄바늘로 110코를 잡는다.
※p.47 참조

《 도안 b-2 》

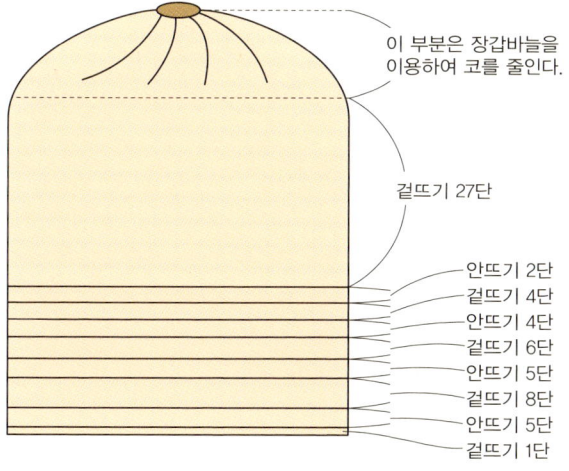

이 부분은 장갑바늘을
이용하여 코를 줄인다.

겉뜨기 27단

안뜨기 2단
겉뜨기 4단
안뜨기 4단
겉뜨기 6단
안뜨기 5단
겉뜨기 8단
안뜨기 5단
겉뜨기 1단

《 63 단에서 실 나누기 》

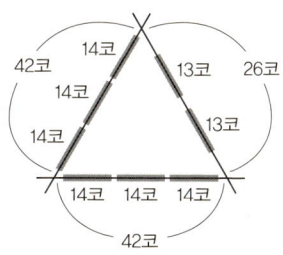

42코 14코 13코 26코
14코 14코
14코 13코
14코 14코 14코
42코

C 방울방울 목도리
photo …p.10

◎**재료**
올림푸스 에버필 col.108 × 3.5볼 (140g)
똑딱단추 직경 10mm × 1개
20cm × 180cm 정도의 천 (또는 스카프)

◎**도구**
코바늘 7호 (7/0)

◎**완성 사이즈**
길이 50cm, 폭 13cm

◎**뜨는 방법**

1. 7호 코바늘로 사슬 15개를 뜨고 고리로 만든 후 짧은뜨기 20 코를 뜬다. 《**시작코 뜨기**》
   도안대로 한길긴뜨기 4코 팝콘뜨기를 둘러가며 뜬다. 《**도안**》
2. 편물 양쪽 끝(안쪽)에 똑딱단추를 달아준다. 《**만들기 포인트**》
3. 스카프를 통과시켜 리본 모양으로 묶어준다.

point!
검은색 리본 대신 얇은 스카프 등을 걸어 귀엽게 연출할 수 있고, 체크무늬 천도 잘 어울리는 디자인이다.

《 **만들기 포인트** 》

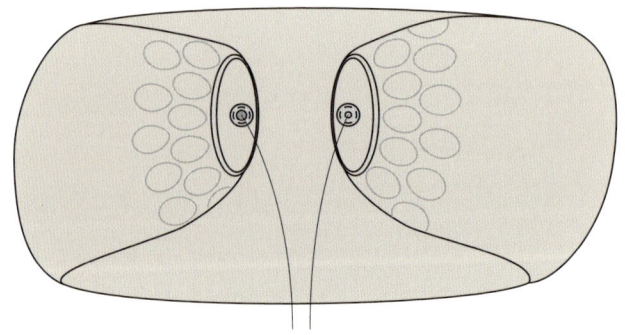

편물의 안쪽에 단추를 단다.

※41단, 42단은 팝콘뜨기와 팝콘뜨기 사이에 들어가는 사슬을 2코만 떠야 윗단에서 구슬 수를 줄였을 때 보기 좋다.

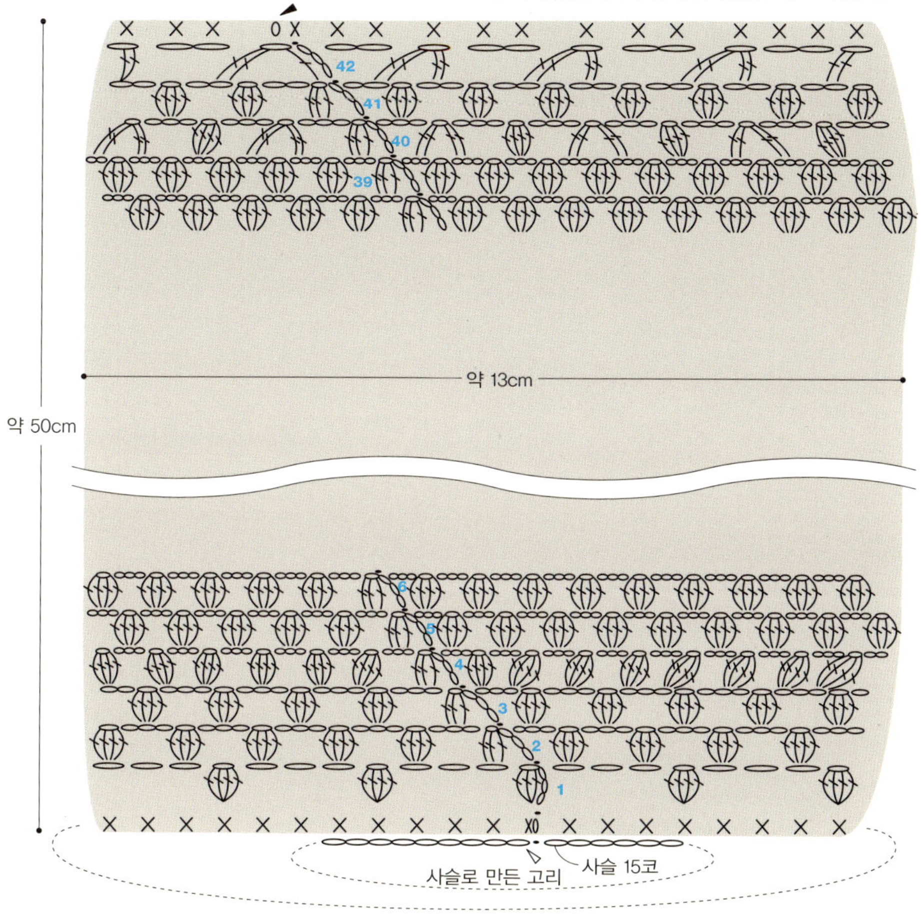

약 50cm

약 13cm

사슬로 만든 고리 사슬 15코

단수	팝콘뜨기의 개수	팝콘뜨기 증감
43	짧은뜨기 20코	
42	5개	−5개
41	10개	
40	10개	−5개
39	15개	
9		
8		
7		
6		
5		
4	15개	+5개
3	10개	
2	10개	+5개
1	5개	
시작코	사슬 15코로 고리를 만들고 그 안에 짧은뜨기 20코를 뜬다.	

◯ = 사슬뜨기

• = 빼뜨기

✕ = 짧은뜨기

✿·✿ = 한길긴뜨기 4코 팝콘뜨기

◁ = 시작점

◀ = 끝점

《 시작코 뜨기 》

고리

D 세갈래 땋기 목도리

photo ...p.12

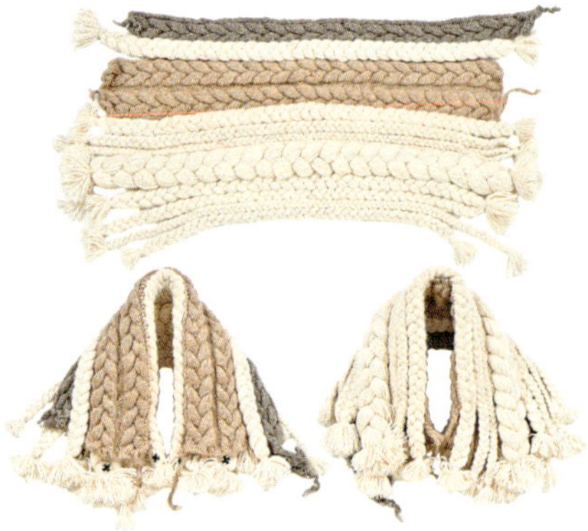

◎재료

하마나카 소노모노 로빙

col.93 × 1볼 (40g) 짙은차(濃茶)색 A

하마나카 소노모노 로빙

col.96 × 2볼 (80g) 옅은차색 B

하마나카 소노모노 트위드

col.71 × 6볼 (240g)

똑딱단추 직경 13mm × 4개

◎도구

대바늘 9호

코바늘 6호 (6/0)

◎완성 사이즈

길이 약 65cm, 폭 약 30cm

◎뜨는 방법

1. 9호 대바늘로 로빙 A, B실을 도안과 같이 꽈배기 무늬를 넣어서 뜬다. **《도안 a》**
2. 6호 코바늘로 트위드 실을 도안과 같이 떠서 A와 B를 연결한다. **《도안 b》**
   ① A의 안뜨기 1코가 있는 쪽을 위로 가게 하여 뒤집고, 오른쪽 끝에서 10cm 되는 지점에서 6호 코바늘로 코를 주워 45cm 폭이 될 때까지 긴뜨기 3단을 뜬다.
   ② 긴뜨기와 B의 편물을 나란히 놓고 그림처럼 오른쪽 끝에서 5cm 되는 지점부터 시작하여 잇는다.
3. B의 오른쪽 윗선의 5cm 지점부터 6호 코바늘로 코를 줍고, 폭 42cm가 될 때까지 긴뜨기를 한다. 20단과 21단에서 좌우 4코씩 줄이고 23단까지 뜬다(이것이 세갈래로 땋은 끈을 붙이는 바탕이 된다).
4. 트위드 실로 **《도안 c》**와 같이 총 10개의 세갈래 땋기 끈을 만든다.
   ※105~110cm 길이의 두꺼운 종이나 테이블 등에 둘둘 감아서 실을 잡으면 실의 길이를 균일하게 맞출 수 있다. **《만들기 포인트》**
5. **3**의 바탕편물 위에 **4**의 끈을 꿰매어 붙인다. 목도리를 목에 감았을 때 들뜨는 부분이 없도록 꼼꼼하고 잘 맞게 붙인다. **《도안 d》**
6. 뒷면에 똑딱단추를 달아준다. 단추는 각자 마음대로 달아도 되지만, 여러 형태의 목도리로 쓸 수 있도록 4군데 정도는 달아주는 것이 좋다.

《 만들기 포인트 》

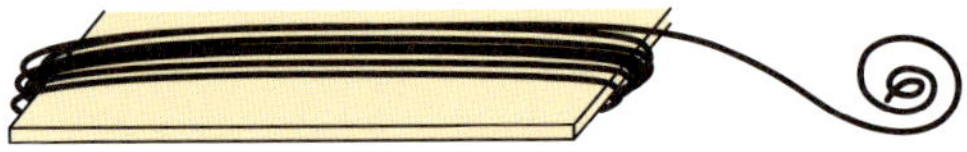

《 도안 a 》

| = 겉뜨기
— = 안뜨기
= 오른쪽 4코가 위로 가는 교차뜨기
= 왼쪽 4코가 위로 가는 교차뜨기
◁ = 시작점
◀ = 끝점

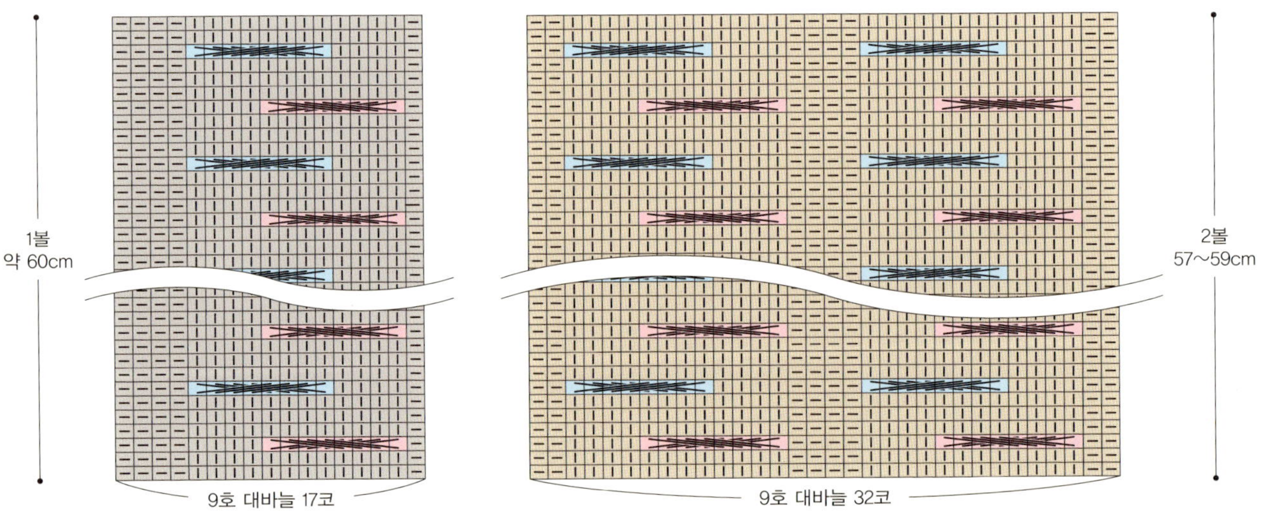
A (짙은차 색)
B (옅은차 색)
1볼
약 60cm
2볼
57~59cm
9호 대바늘 17코
9호 대바늘 32코

《 도안 b 》

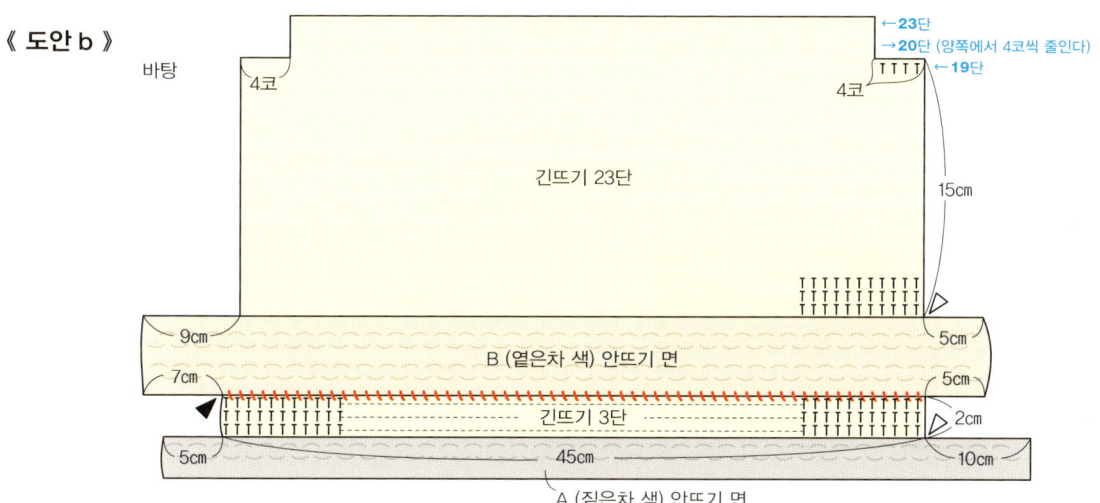

바탕

←23단
→20단 (양쪽에서 4코씩 줄인다)
←19단

4코

4코

긴뜨기 23단

15cm

9cm

B (옅은차 색) 안뜨기 면

5cm

7cm

5cm

긴뜨기 3단

2cm

5cm

45cm

10cm

A (짙은차 색) 안뜨기 면

《 도안 c 》

| A 80가닥 | B 60가닥 | C 60가닥을 3개로 나누어 땋기 | D 트위드 실 2볼 분량 | E 100가닥을 2개로 나누어 땋기 | F 20가닥 | G 40가닥 |

12가닥
18가닥
30가닥

64가닥
36가닥

세갈래 땋기의 길이는 취향껏 달리할 수 있으나 이 작품에서는 57~60cm로 하였다.

《 도안 d 》

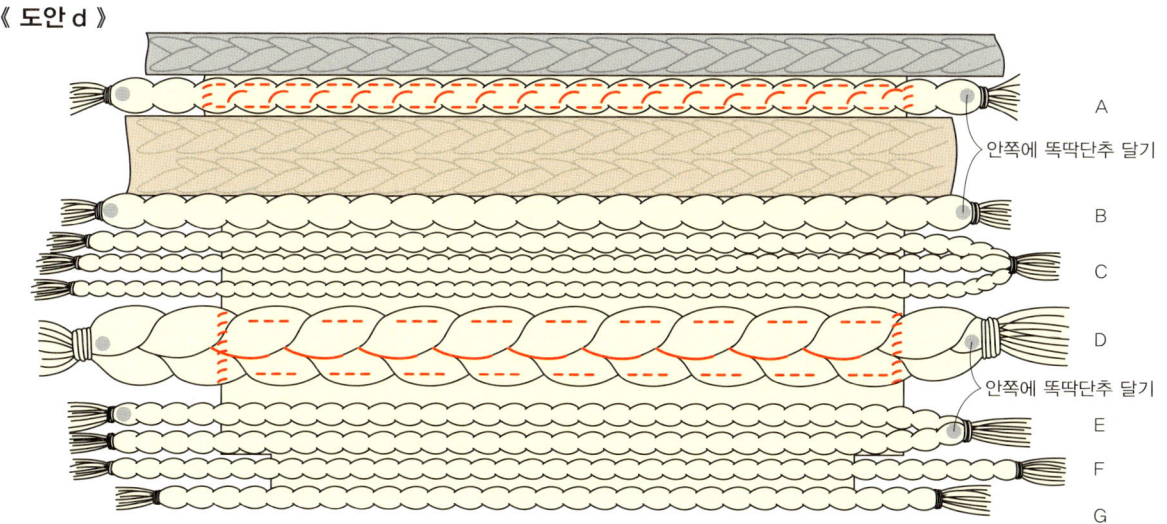

A
안쪽에 똑딱단추 달기
B
C
D
안쪽에 똑딱단추 달기
E
F
G

E 러그풍 목도리
photo ...p.14

a

b

◎**재료**

a. 올림푸스 에버필 col.105 × 3볼 (120g)

b. 하마나카 소노모노 릴리 col.114 × 2볼 (80g)

◎**도구**

코바늘 7호 (7/0), 8호 (8/0)

◎**완성 사이즈**

목둘레 68cm, 폭 17cm

◎**뜨는 방법**

1. **a**실은 7호 코바늘로 사슬 33코를 잡는다 (시작코가 되는 사슬은 크게 잡는 것이 윗단을 뜨기 편하므로 8호 코바늘을 이용해도 좋다). 도안과 같이 긴뜨기 4코 변형 구슬뜨기를 47단 (62cm) 뜬다. 《**도안 a**》

2. **1**의 뒷면에 **b**실과 8호 코바늘로 사슬 15코를 뜨고, 구슬뜨기의 머리 쪽에 짧은뜨기로 연결한다. 《**도안 b-1, b-2**》

   1단은 사슬 15코로 루프를 만들고, 2단은 사슬 10코로 루프를 만든다. 이후 15코 루프와 10코 루프를 한단씩 반복해가며 뜬다.

3. 편물을 둥글게 하여 구슬뜨기 5개만큼 어긋나게 두고, 2단의 폭만큼 겹치게 이어준다. 《**만들기 포인트**》

《 도안 b-1 》

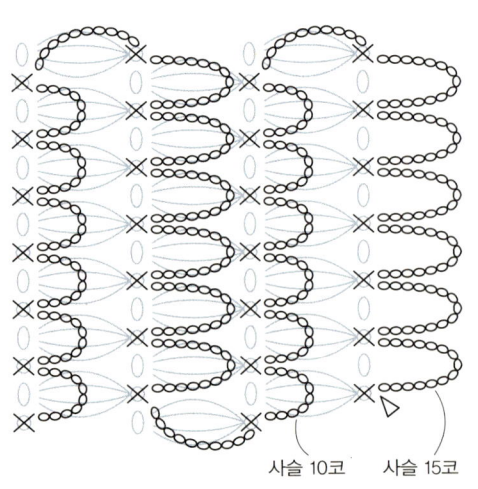

사슬 10코   사슬 15코

《 만들기 포인트 》

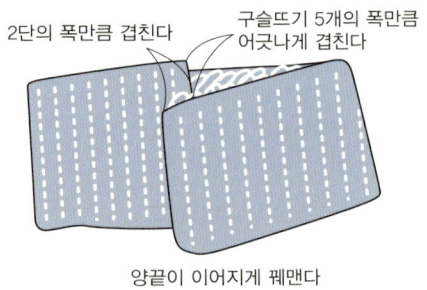

2단의 폭만큼 겹친다   구슬뜨기 5개의 폭만큼 어긋나게 겹친다

양끝이 이어지게 꿰맨다

◯ = 사슬뜨기

✕ = 짧은뜨기

= 긴뜨기 4코 변형 구슬뜨기

◁ = 시작점

◀ = 끝점

《 도안 a 》

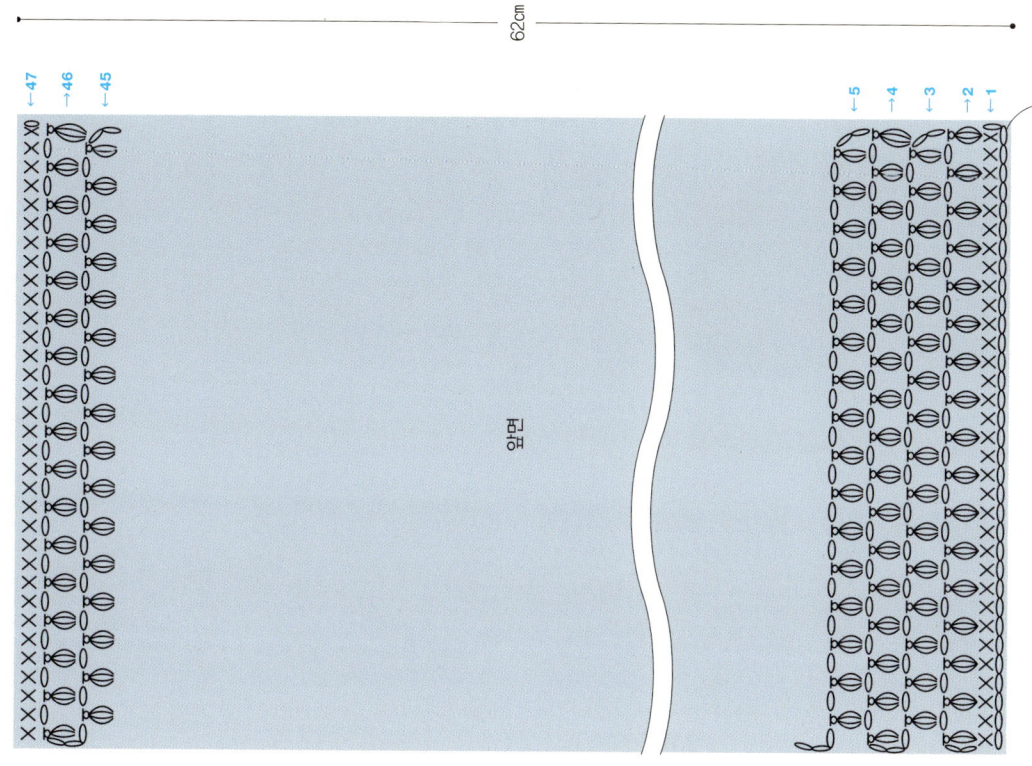

62cm

사슬 33코로 시작코를 만든다

↓47 ↓46 ↓45

↓5 ↓4 ↓3 ↓2 ↓1

앞면

《 도안 b-2 》

↓1 ↓2 ↓3 ↓4 ↓5

↓45 ↓46 ↓47

※도안 b-1 참조)

여기부터 사슬 15코로 루프를 만들어 짧은뜨기로 연결한다

뒷면

F 퍼프 슬리브 목도리

photo ...p.16

◎재료
올림푸스 에버필 col.108 × 10볼 (400g)

◎도구
대바늘 9호
코바늘 4호(4/0), 6호(6/0), 7호(7/0)

◎완성 사이즈
길이 96cm, 폭 19cm, 퍼프 폭 28cm

◎뜨는 방법

1. 9호 대바늘로 92코를 잡아 도안과 같이 뜬다. 《도안 a》
   12단마다 좌우 한 코씩 줄여가다가 중심에서부터 좌우 한 코씩 늘려가
   며 뜬다.

2. 소매 부분을 뜬다. 《도안 b》
   몸판 양쪽에 4호 코바늘로 94코를 주워 도안과 같이 뜬다.
   ※메리야스뜨기를 한 편물에서는 코를 줍기 어려우므로 작은 사이즈
   바늘로 짧은뜨기 후 바늘을 바꾼다. 메리야스뜨기 1코당 짧은뜨기 1코
   를 하되 양 끝에서 1코씩 늘려 총 94코로 만든다.

3. 코바늘로 뜬 소매의 겉면이 바깥으로 나오게 편물을 접어서 코바늘뜨
   기 부분과 메리야스뜨기 부분 1~2cm까지 꿰맨다. 《만들기 포인트》

《 코 늘리고 줄이기 》

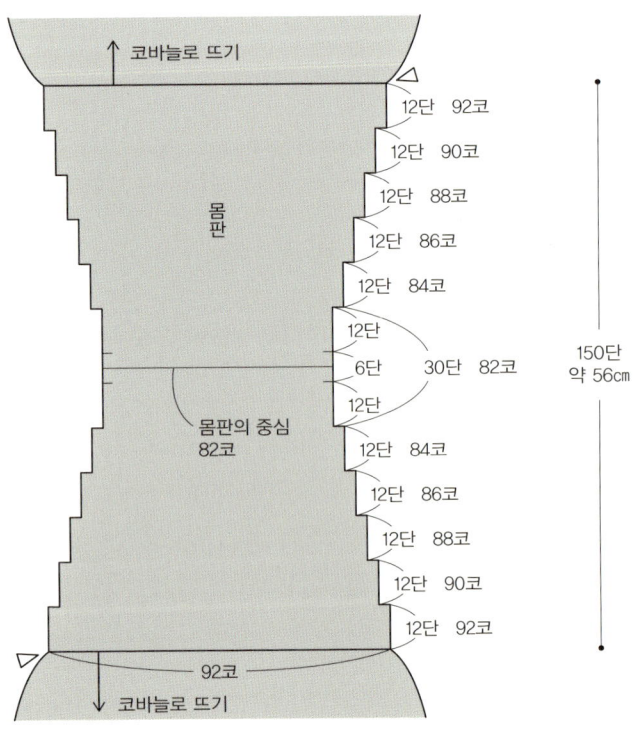

《 만들기 포인트 》

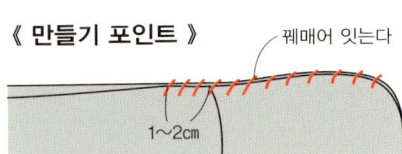

꿰매어 잇는다

1~2cm

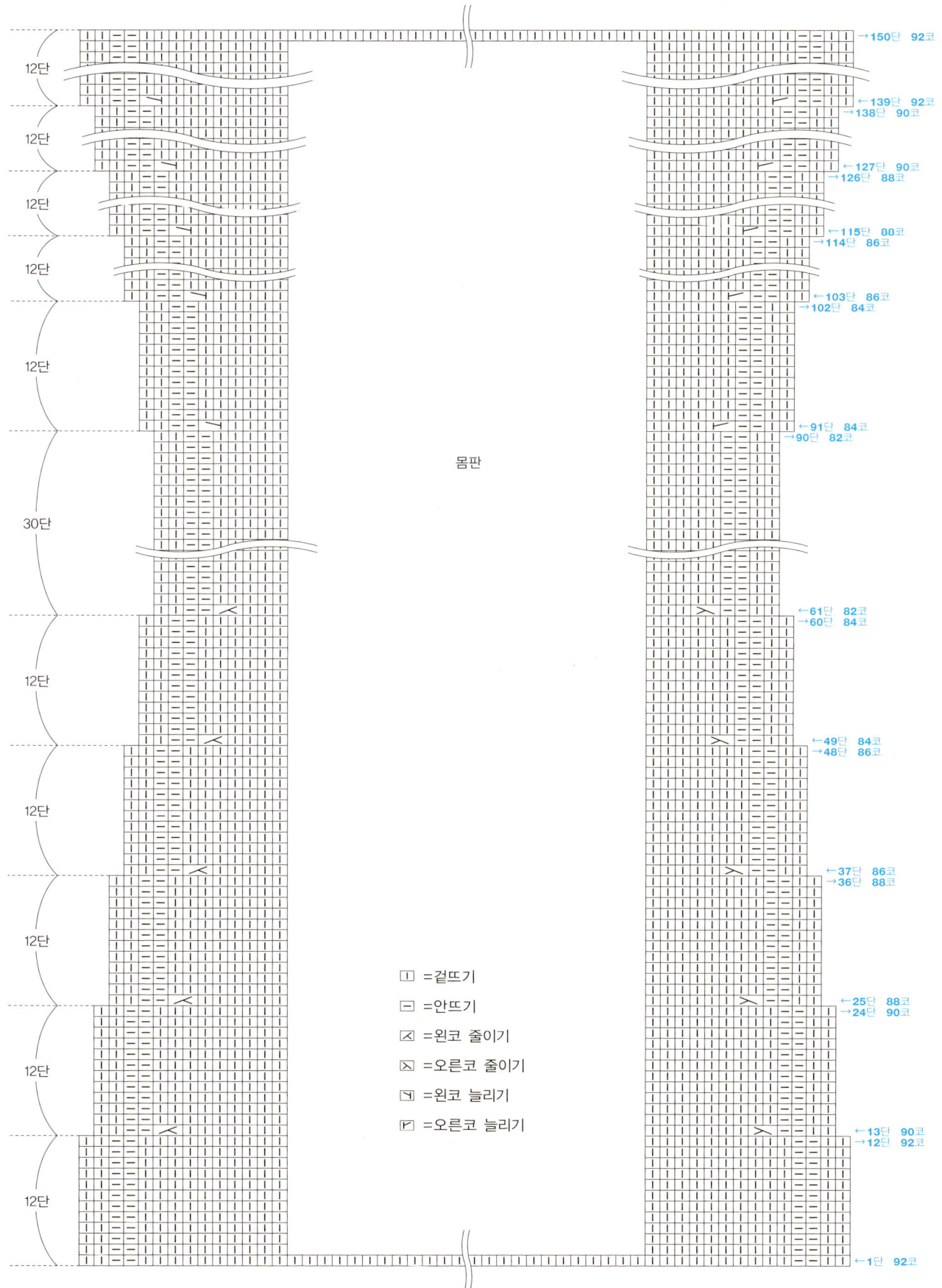

몸판

→150단 92코

←139단 92코
→138단 90코

←127단 90코
→126단 88코

←115단 80코
→114단 86코

←103단 86코
→102단 84코

←91단 84코
→90단 82코

←61단 82코
→60단 84코

←49단 84코
→48단 86코

←37단 86코
→36단 88코

←25단 88코
→24단 90코

←13단 90코
→12단 92코

←1단 92코

12단
12단
12단
12단
12단
30단
12단
12단
12단
12단
12단

Ⅰ =겉뜨기

— =안뜨기

☑ =왼코 줄이기

☒ =오른코 줄이기

⧨ =왼코 늘리기

⧩ =오른코 늘리기

《 도안 b 》

※1단만 긴뜨기 4코 변형 구슬뜨기(6호 바늘)이다.
※2단부터는 긴뜨기 3코 변형 구슬뜨기로 하되, 6호 또는 7호 바늘로 바꿀 수 있다.
또한, 구슬과 구슬 사이에 들어가는 사슬코의 수가 바뀌는 부분이 있으므로 주의해서 뜬다.
※콧수는 2단, 6단, 16단에서 증감한다.
그 외의 단에서는 바늘의 크기와 구슬 사이의 사슬 개수에 의해 모양을 만들어간다.

단	사용 코바늘
19	6호
18	6호
17 ~ 2	7호
1	6호
짧은뜨기 단	4호

○ =사슬뜨기
X =짧은뜨기
=긴뜨기 3코 변형 구슬뜨기
=긴뜨기 4코 변형 구슬뜨기
◁ =시작점
◀ =끝점
=코 늘리는 부분

19→
17→
15→
13→
11→
9→
7→
타이트하게 뜨기
5→
3→
타이트하게 뜨기
1→
17단까지 사슬 1코
← 사슬 2코
← 사슬 1코
← 구슬 사이의 사슬 2코
→19
←18
→17
←16
→15
←14
→13
←12
→11
←10
→9
←8
→7
←6
→5
←4
→3
←2
→1
←짧은뜨기 단
대바늘로 뜬 몸판
4호 코바늘로 양쪽에 1코씩 늘려 총 94코를 뜬다.

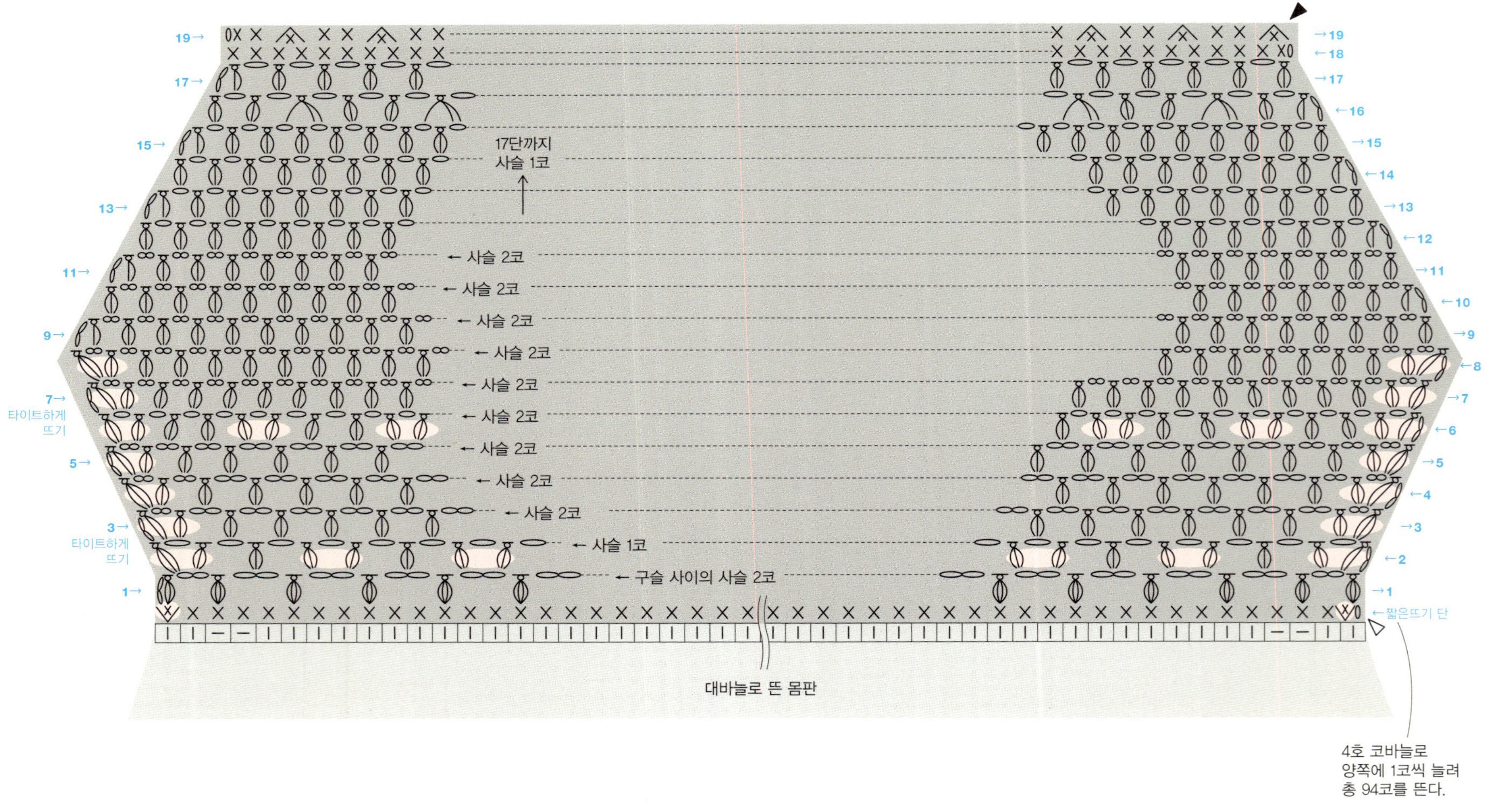

G 복슬복슬 목도리

photo ...p.18

a

b

◎ 재료

a. 하마나카 소노모노 루프 col.52 × 4볼 (160g)

b. 하마나카 소노모노 슬러브 초극태사 col.31 × 4볼 (160g)

◎ 도구

코바늘 8호 (8/0)

◎ 완성 사이즈

목둘레 61cm, 폭 16cm

◎ 뜨는 방법

1. **a**실과 **b**실을 겹쳐서 두 겹의 실로 뜬다. 8호 코바늘로 성기게 코를 잡고 링뜨기를 한다 (실끝은 30cm 정도 남겨두고 시작한다). 바깥쪽은 **b**실로, 안쪽은 **a**실로 루프를 만들며 뜬다. 《도안》

2. 66단, 약 61cm를 뜬 후 처음에 남겨두었던 실을 이용해 편물의 양 끝을 바늘로 꿰고 쭉 당겨서 주름이 지게 한다. 《만들기 포인트 1》

3. 전체를 한 번 꼬아 양 끝을 꿰맨다. 《만들기 포인트 2》

point!

이 책의 사이즈로 뜨면 목에 딱 붙는 디자인이므로, 조금 넉넉하게 만들고 싶을 때는 70단, 72단 등 단수를 늘려서 뜨면 된다 (제시된 재료량으로는 70단까지 뜰 수 있다).

《 만들기 포인트 1 》

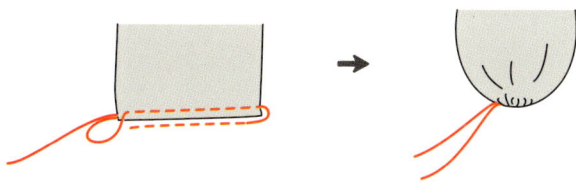

남겨둔 실을 이용해 주름을 잡는다

《 만들기 포인트 2 》

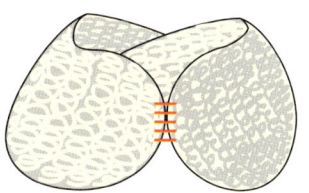

전체를 한번 꼬아 양 끝을 꿰맨다

《 도안 》

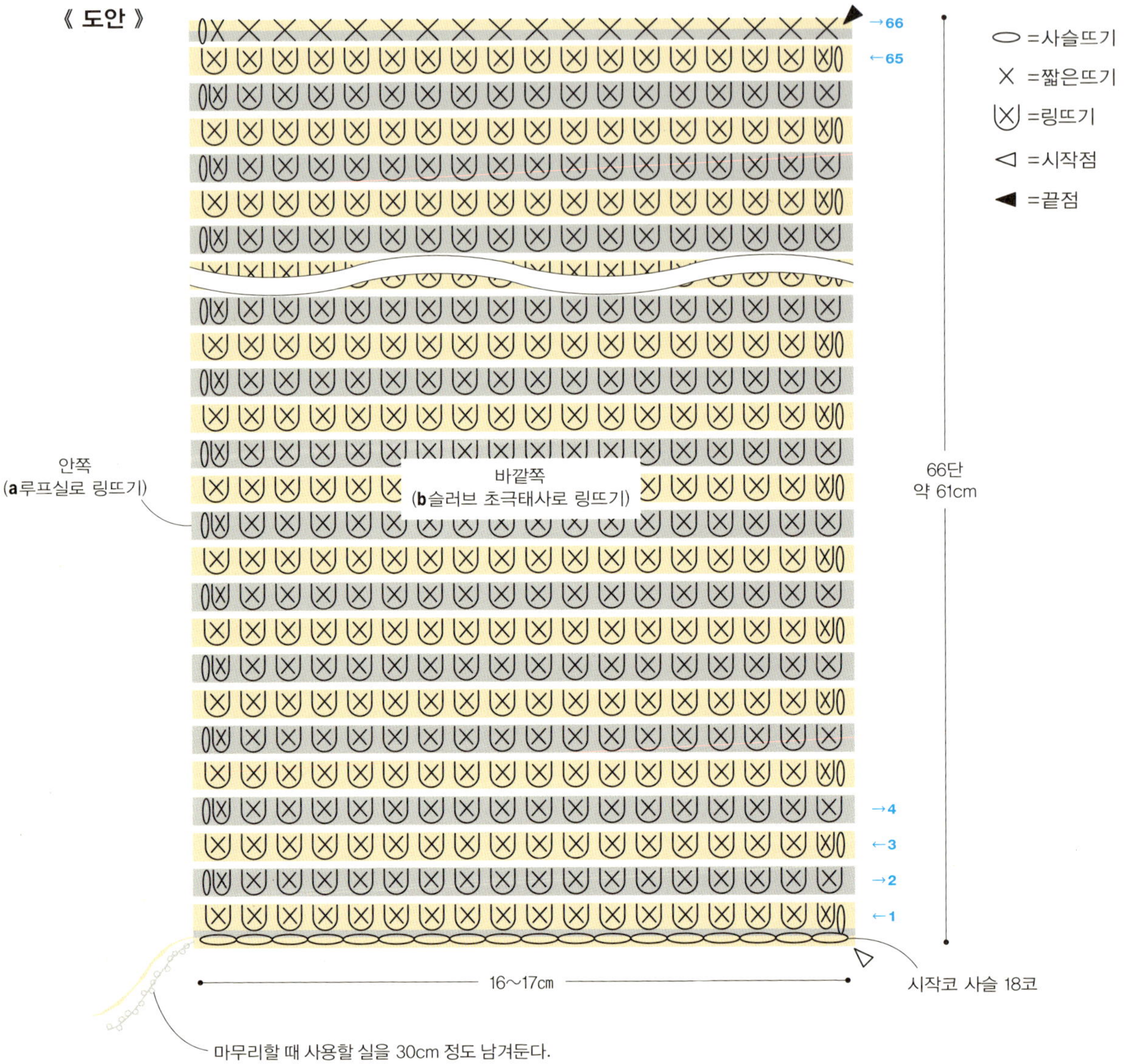

→66
←65

○ =사슬뜨기

✕ =짧은뜨기

⋈ =링뜨기

◁ =시작점

◀ =끝점

안쪽
(a루프실로 링뜨기)

바깥쪽
(b슬러브 초극태사로 링뜨기)

66단
약 61cm

→4
←3
→2
←1

16~17cm

시작코 사슬 18코

마무리할 때 사용할 실을 30cm 정도 남겨둔다.

《 링뜨기 》

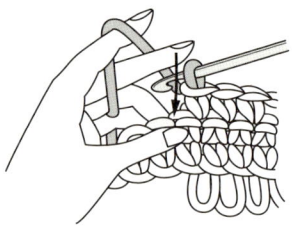

1. 떠가는 실을 링 길이만큼
   중지에 걸어 고정한다.

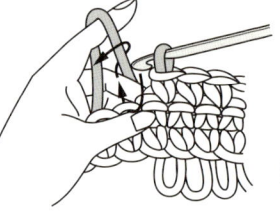

2. 링 부분이 되는 실을 누른 채
   짧은뜨기와 동일하게 실을
   끌어온다.

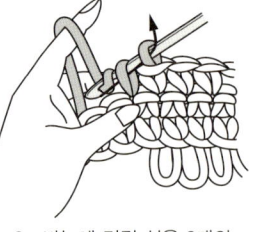

3. 바늘에 걸린 실을 2개의
   고리 속으로 통과시킨다.
   링이 바깥쪽에 생긴다.

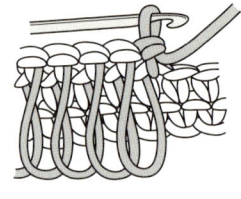

4. 링이 생긴 바깥쪽 모습.

※ 왼손 중지에 실을 걸면 링이 바깥쪽으로 생기고, 엄지에 실을 걸어 고정하면 안쪽으로 링이 생긴다.

H 볼륨 세갈래 땋기 목도리
photo ...p.20

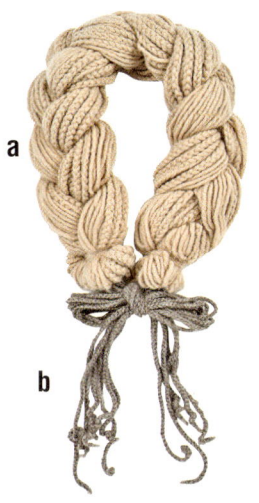

a

b

◎**재료**

a. 하마나카 버스크 col.2 × 6볼 (300g)

b. 하마나카 소노모노 초극태사 col.13 × 1볼 (40g)

◎**도구**

점보 코바늘 8mm

코바늘 7호 (7/0)

◎**완성 사이즈**

길이 80cm, 두께지름 11cm

◎ **뜨는 방법**

1. **a**실 3볼을 각각 8mm 점보 코바늘로 사슬뜨기한다 (이 중 25cm 정도의 사슬뜨기 2줄은 마무리에 쓰이므로 따로 빼둔다).

2. **b**실을 7호 코바늘로 135~140cm 정도 길이가 되게 사슬뜨기 하고, 이를 총 6줄 만든다.

3. 사슬뜨기한 **a**실 1볼 분량과 뜨지 않은 1볼을 한 세트로 하여 120cm 폭의 두꺼운 종이나 테이블 끝에 둘둘 감아서 원형으로 만든다. 《**만들기 포인트 1**》

4. **2**에서 만든 사슬을 끝에서 4cm 위치에 꽉 묶는다. 이것을 3개 만든다. 《**만들기 포인트 2**》

5. **4**에서 만든 3개의 다발을 나란히 모으고 **1**에서 마무리용으로 빼놓은 **a**실 사슬뜨기로 꽉 묶어준다. 이 부분을 단단히 고정하고 (다른 사람이 잡아주면 가장 좋다) 세갈래 땋기를 한다. 《**만들기 포인트 3**》

6. 끝까지 다 땋은 후 시작부분과 마찬가지로 **a**실 사슬뜨기로 잘 묶어준다.

7. 삐져나온 실과 다발 양 끝을 잘 정리한 후 똑딱단추를 달아준다.

   ※똑딱단추는 위치를 잘못 잡으면 떨어지기 쉬우므로 단단하게 고정할 수 있는 위치를 찾는다.

《 **만들기 포인트 3** 》

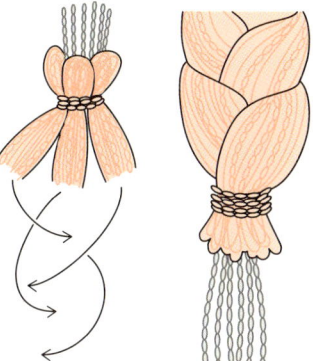

《 **만들기 포인트 1** 》

4cm

《 **만들기 포인트 2** 》

이것을 3줄 만든다.

I 트위드 목도리

photo ...p.22

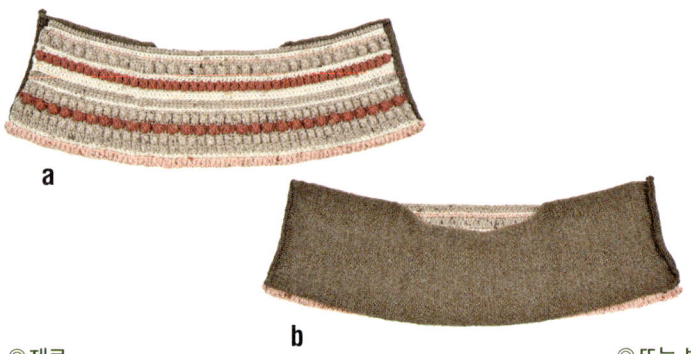

a

b

◎재료

a. 하마나카 아란트위드 col.2 (옅은차색) × 1.5볼 (60g)

하마나카 아란트위드 col.14 (연지색) × ½볼 (20g)

하마나카 아란트위드 col.1 (오프화이트) × ½볼 (20g)

하마나카 아란트위드 col.5 (핑크) × ¼볼 (10g)

b. 하마나카 소노모노 합태사 col.3 × 1.5볼 (60g)

◎도구

코바늘 7호 (7/0)

대바늘 4호

◎완성 사이즈

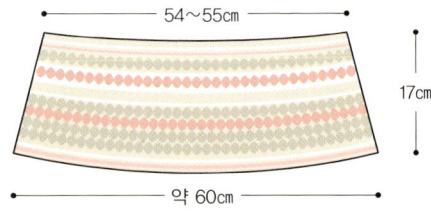

54~55cm

17cm

약 60cm

◎뜨는 방법

1. **a**실은 7호 코바늘로 사슬 90코를 시작코로 잡아 오른쪽 도안과 같이 뜬다.《도안 a》

   ※완성품의 모습이 약간 휘어진 직사각형이 되는 것이 특징이다.

   ※작품에 제시된 4가지 색 외에 이미 가지고 있는 실 등을 활용해도 좋다.

2. **b**실은 4호 대바늘로 50코를 잡아 도안과 같이 뜬다.《도안 b》

3. **1**과 **2**를 안쪽 면끼리 마주보게 하여 그림과 같이 꿰맨다.《만들기 포인트》

4. 메리야스 면이 돌돌 말릴 경우 스팀다리미로 살짝 다려준다.

《 도안 b 》

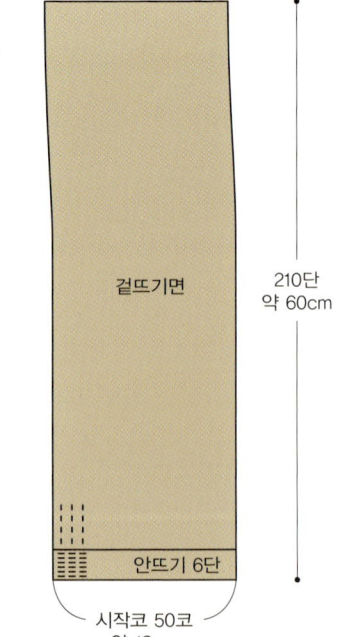

겉뜨기면

210단
약 60cm

안뜨기 6단

시작코 50코
약 18cm

《 만들기 포인트 》

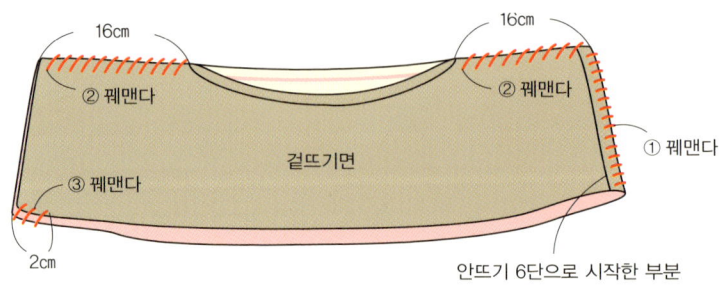

16cm

16cm

②꿰맨다

②꿰맨다

①꿰맨다

겉뜨기면

③꿰맨다

2cm

안뜨기 6단으로 시작한 부분

《도안 a》

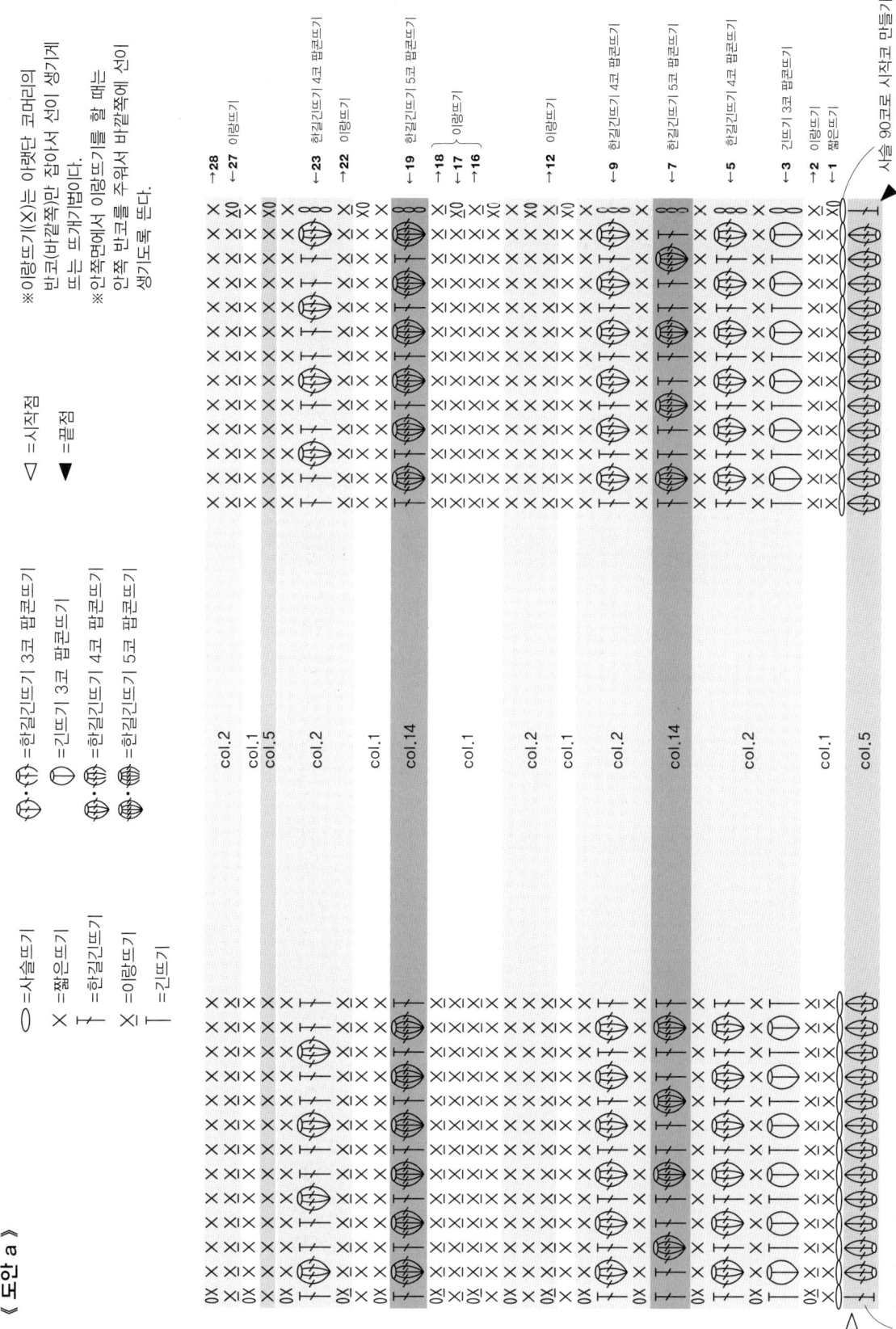

※이랑뜨기(X)는 아랫단 코머리의 반코(바깥쪽)만 잡아서 선이 생기게 뜨는 또개기법이다.
※안쪽면에서 이랑뜨기를 할 때는 안쪽 반코를 주워서 바깥쪽에 선이 생기도록 뜬다.

▽ =시작점
▲ =끝점

○ =사슬뜨기
X =짧은뜨기
T =한길긴뜨기
X =이랑뜨기
T =긴뜨기

=한길긴뜨기 3코 팝콘뜨기
=긴뜨기 3코 팝콘뜨기
=한길긴뜨기 4코 팝콘뜨기
=이랑뜨기
=한길긴뜨기 5코 팝콘뜨기
=긴뜨기

→28
→27 이랑뜨기
→23 한길긴뜨기 4코 팝콘뜨기
→22 이랑뜨기
→19 한길긴뜨기 5코 팝콘뜨기
→18
→17 이랑뜨기
→16
→12 이랑뜨기
→9 한길긴뜨기 4코 팝콘뜨기
→7 한길긴뜨기 5코 팝콘뜨기
→5 한길긴뜨기 4코 팝콘뜨기
→3 긴뜨기 3코 팝콘뜨기
→2 이랑뜨기
→1 짧은뜨기

col.2
col.1
col.5
col.2
col.1
col.14
col.1
col.2
col.1
col.2
col.14
col.2
col.1
col.5

한길긴뜨기 3코 팝콘뜨기
사슬 90코로 시작코 만들기

J 리버시블 넥칼라
photo ...p.24

a

b

◎**재료**

a. 올림푸스 에버필 col.103 × 1.5볼 (60g)

b. 올림푸스 에버필 col.108 × 1.5볼 (60g)

똑딱단추 직경 10mm × 1개

◎**도구**

코바늘 7호 (7/0), 8호 (8/0)

◎**완성 사이즈**

목둘레 48cm, 폭 10cm

◎**뜨는 방법**

1. **a**실은 7호 코바늘로 사슬 101코를 만들어 도안과 같이 짧은뜨기 후 긴뜨기 4코 변형 구슬뜨기로 뜬다. 《**도안 a**》
   2단부터 8호 바늘로 바꾸어 도안대로 뜬다.

2. **1**의 뒷면에 **b**실과 8호 바늘로 사슬 8코를 뜨고, 팝콘뜨기 아래쪽에 짧은뜨기로 연결하여 루프를 만든다. 《**도안 b**》

3. 다시 **a**실 편물의 겉면이 보이게 뒤집어 **a**실로 한 단을 뜬다. 《**만들기 포인트 1**》

4. **3**의 짧은뜨기에 **a**실을 쭉 통과시키고 실을 당겨가며 완만한 곡선 형태를 만든다. 《**만들기 포인트 2**》

5. 원하는 정도의 곡선이 되면 실을 고정시키고 마무리 한 후 양 끝에 똑딱단추를 달아준다. 《**만들기 포인트 3**》

《 **만들기 포인트 1** 》

《 **만들기 포인트 2** 》

《 **만들기 포인트 3** 》

단추   단추   뒷면에 단추 달기

구슬뜨기 겉면

《 도안 a 》

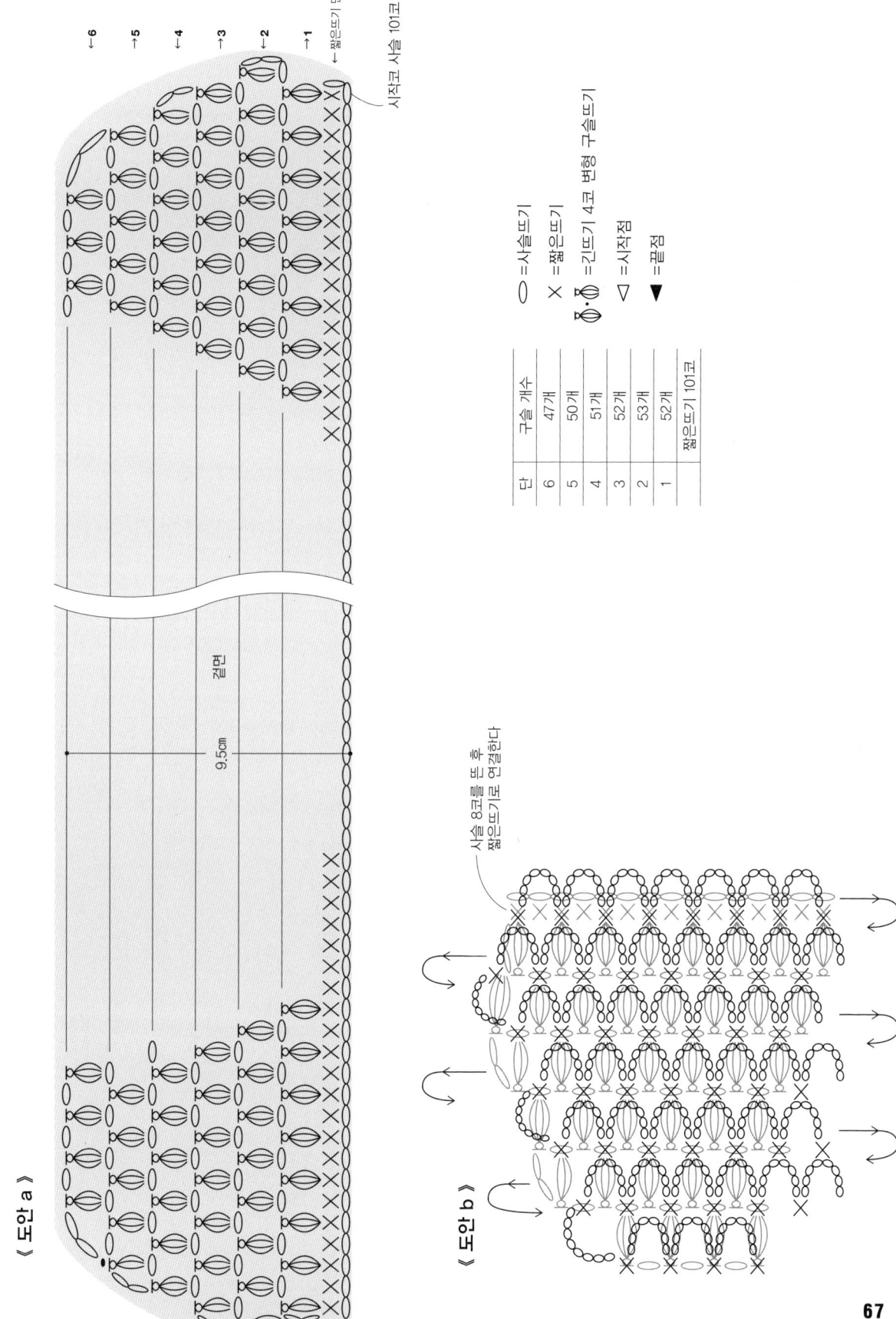

←짧은뜨기 단

시작코 사슬 101코

← 1
← 2
← 3
← 4
← 5
← 6

겉면

9.5cm

단	구슬 개수
6	47개
5	50개
4	51개
3	52개
2	53개
1	52개
	짧은뜨기 101코

◯ = 사슬뜨기

✕ = 짧은뜨기

🐟 = 긴뜨기 4코 변형 구슬뜨기

▽ = 시작점

▼ = 끝점

《 도안 b 》

사슬 8코를 뜬 후
짧은뜨기로 연결한다

K 긴 술 목도리
photo ...p.26

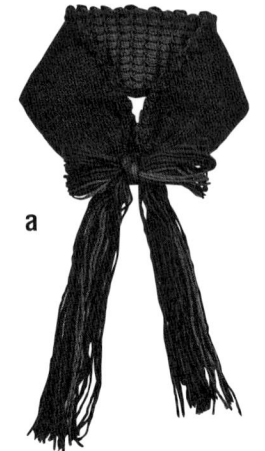

a

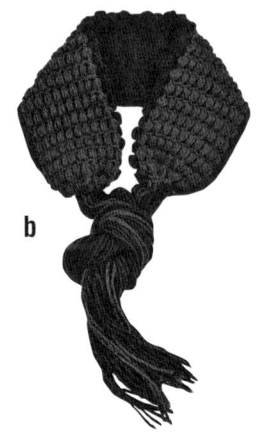

b

◎재료

a. 올림푸스 에버필 × 2볼 (80g)

b. 올림푸스 트리하우스 리브스 × 2볼 (80g)

◎도구

대바늘 9호, 코바늘 7호 (7/0)

◎완성 사이즈

길이 54cm (술 제외), 폭 11cm

◎ 뜨는 방법

1. 코바늘과 대바늘로 각각 도안대로 뜬다. 《도안 a, b》

   ※대바늘 도안 중 3코·5단 구슬뜨기와 5코·5단 구슬뜨기는 오른쪽 페이지 참조.

2. 2개의 편물을 구슬이 보이는 겉면이 바깥에 나오도록 맞대어 꿰매는 실을 잘 숨겨가며 바느질하여 잇는다. 《만들기 포인트》

3. 반대쪽은 편물 안쪽이 밖으로 나오도록 맞대어 꿰맨 후 뒤집는다.

4. 술이 달리는 부분에 실을 통과시킨 후 잡아당겨 주름을 잡는다.

5. **a**실 20가닥, **b**실 4가닥을 130cm로 자르고 좌우 각각 12가닥씩 술을 달아준다. 술의 길이가 60cm 정도가 되도록 자르면 완성.

《 도안 a 》 에버필

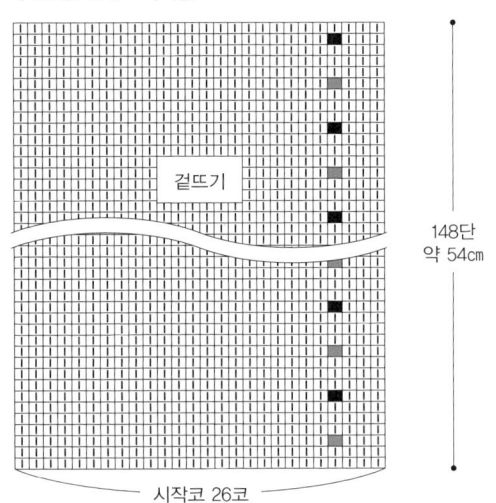

겉뜨기

148단
약 54cm

시작코 26코

《 도안 b 》 트리하우스 리브스

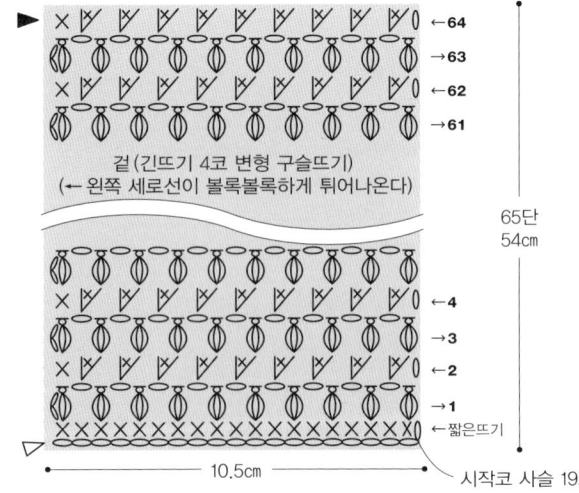

겉 (긴뜨기 4코 변형 구슬뜨기)
(← 왼쪽 세로선이 볼록볼록하게 튀어나온다)

65단
54cm

←짧은뜨기

10.5cm

시작코 사슬 19코

○ =사슬뜨기   ◊ =긴뜨기 4코 변형 구슬뜨기   ◁ =시작점   ■ =3코·5단 구슬뜨기

✕ =짧은뜨기   ⩔ =짧은뜨기 2코 늘리기   ◀ =끝점   ■ =5코·5단 구슬뜨기

《 3코 · 5단 구슬뜨기 》

○ = 바늘비우기코

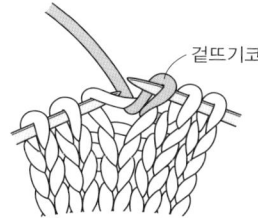

겉뜨기코

1. 겉뜨기 1코를 건다.

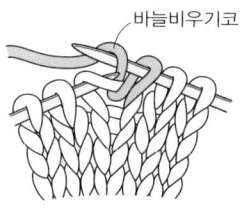

바늘비우기코

2. 왼쪽 바늘에 걸린 코를 빼지 않은 채로 바늘비우기를 한다.

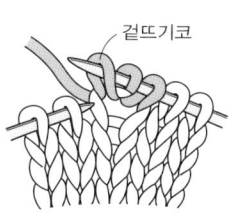

겉뜨기코

3. 동일한 코에 겉뜨기 1코를 더 빼낸다.

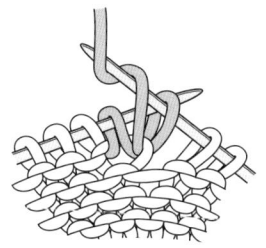

4. 편물을 뒤집어 안뜨기, 겉뜨기, 안뜨기로 각각 1단씩 뜬다.

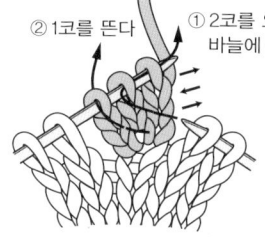

② 1코를 뜬다　① 2코를 오른쪽 바늘에 옮긴다

5. 2코를 오른쪽 바늘에 옮기고 세 번째 코를 겉뜨기로 뜬다.

오른쪽 바늘에 있던 2코로 방금 뜬 코를 덮어씌운다.

6. 옮겨둔 코를 왼쪽바늘로 걸어 덮어씌운다.

《 5코 · 5단 구슬뜨기 》

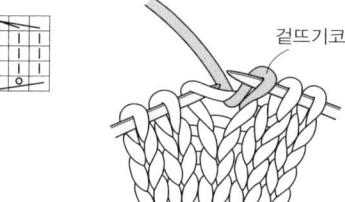

겉뜨기코

1. 겉뜨기 1코를 건다.

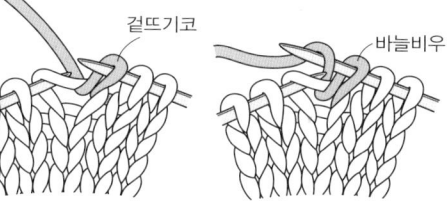

바늘비우기코

2. 왼쪽 바늘에 걸린 코를 빼지 않은 채로 바늘비우기를 한다.

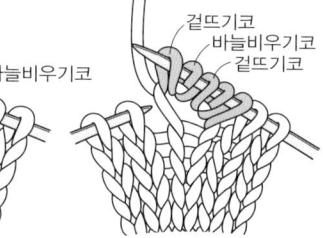

겉뜨기코
바늘비우기코
겉뜨기코

3. 겉뜨기와 바늘비우기를 반복하여 5코를 만든다.

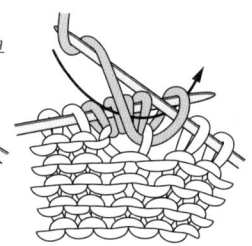

4. 편물을 뒤집어 안뜨기, 겉뜨기, 안뜨기로 각각 1단씩 뜬다.

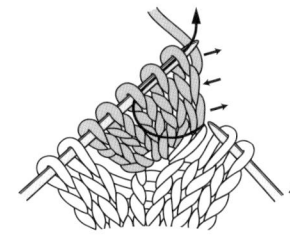

5. 3코를 오른쪽 바늘로 옮긴다.

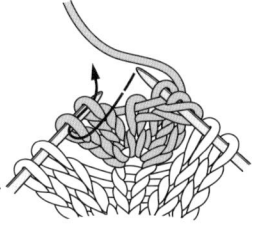

6. 남은 2코를 같이 겉뜨기한다.

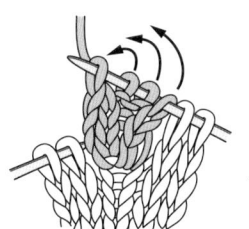

7. 오른쪽 바늘에 걸어둔 실을 하나씩 새로 뜬 코에 덮어씌운다.

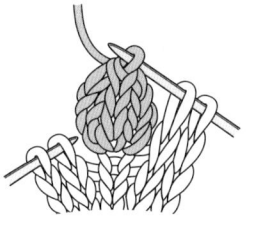

8. 완성된 모습. 이 다음 부터는 도안대로 뜬다.

《 만들기 포인트 》

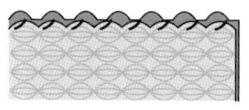

1. 편물의 볼록볼록한 쪽을 위로 하여 겉면이 보이게 마주대고 꿰맨다.

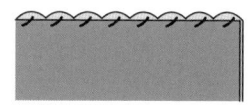

2. 반대쪽은 편물의 안쪽면이 보이게 맞대고 꿰매어 뒤집는다.

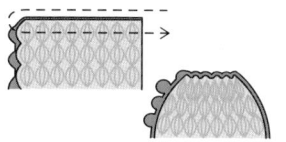

3. 양 끝에 실을 통과시킨 후 조여서 주름지게 한다.

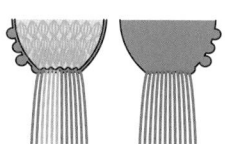

4. 술을 달아준 후 약 60cm 길이가 되게 다듬으면 완성

L 엄마와 딸 목도리
photo ...p.28

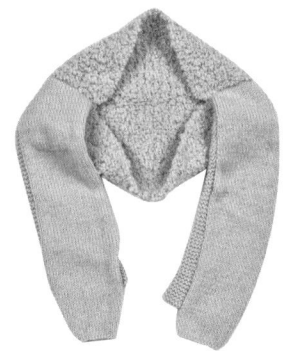

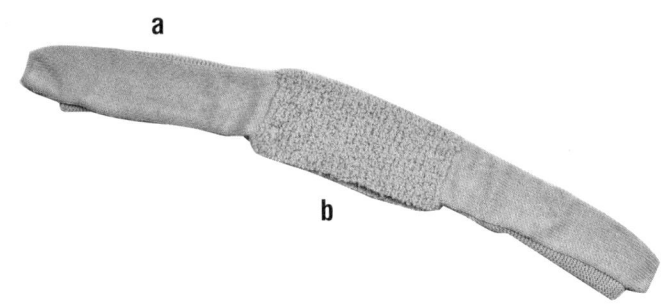

a

b

◎**재료**

a. 하마나카 소노모노 알파카 울
　　col.41 × 4볼 (160g)

b. 하마나카 소노모노 루프
　　col.51 × 4볼 (160g)

◎**도구**

대바늘 10호

코바늘 6호 (6/0)

◎**완성 사이즈**

길이 120cm, 폭 a=12cm · b=17cm

◎**뜨는 방법**

1. **a**실을 대바늘 10호로 도안과 같이 2장 뜬다. 《**도안 a**》

2. **1**을 다 뜬 후, **b**실을 6호 코바늘로 코를 잡아 짧은뜨기 한다. 《**도안 b**》
   마지막 단을 뜰 때 또 한 장의 대바늘 편물 끝에 빼뜨기를 해서 연결
   한다.
   ※6호보다 작은 바늘을 쓰면 빼뜨기가 더 수월하다.

3. 편물의 안쪽면이 밖으로 나오게 반으로 접은 후 메리야스뜨기와 가터
   뜨기 부분을 꿰맨다 (메리야스뜨기쪽이 조금 길게 남는다). 뒤집으면
   완성. 《**만들기 포인트**》
   ※**b**실 (루프 얀) 은 짧은뜨기할 때 코가 잘 보이지 않으므로 콧수에 너
   무 연연하지 말고 길이에 맞추어 쭉 떠나간다.
   ※아이의 몸 사이즈에 맞추어 **b**실 부분을 더 길게 뜨거나 대바늘 콧
   수를 늘릴 수 있다 (이 경우 실의 필요량은 달라진다).

《 **만들기 포인트** 》

안쪽면이 밖으로 나오게 하여 반으로 접고
메리야스뜨기와 가터뜨기부분을 꿰매어 잇는다.
※메리야스뜨기 쪽이 조금 더 길게 남는다.

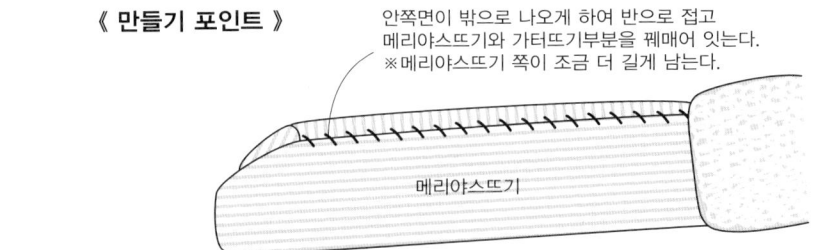

메리야스뜨기

《 **완성된 모습** 》

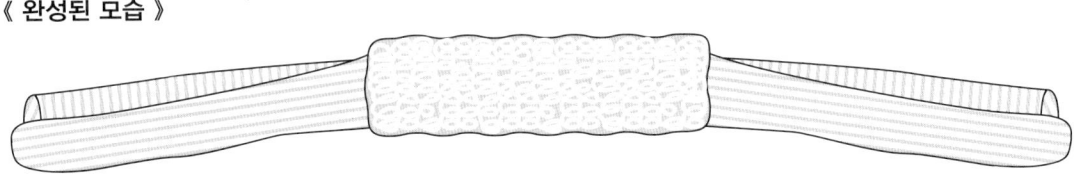

《 도안 a 》

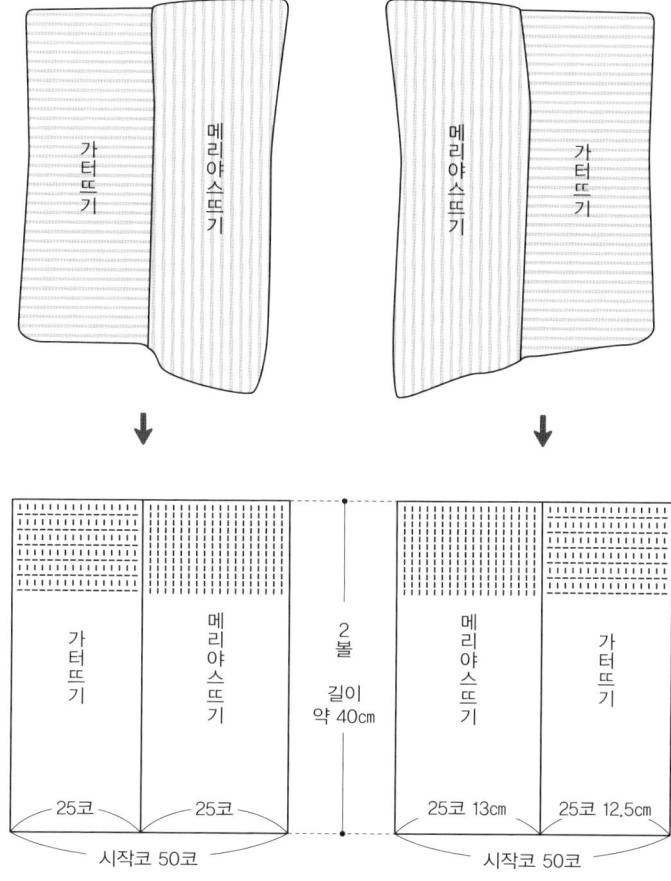

가터뜨기 / 메리야스뜨기

2볼 길이 약 40cm

메리야스뜨기 / 가터뜨기

가터뜨기 / 메리야스뜨기

25코 / 25코

시작코 50코

메리야스뜨기 / 가터뜨기

25코 13cm / 25코 12.5cm

시작코 50코

《 도안 b 》

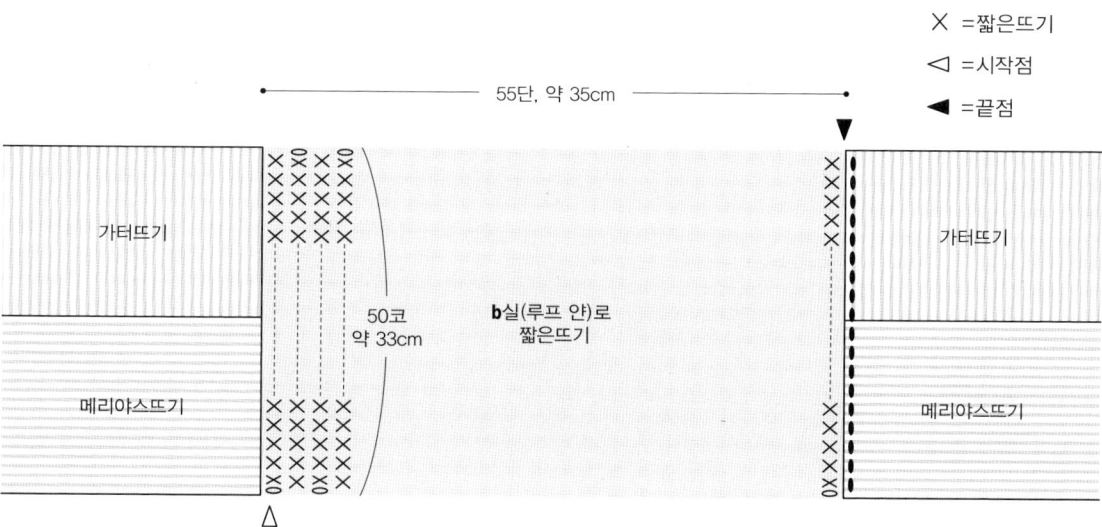

✕ =짧은뜨기

◁ =시작점

◀ =끝점

55단, 약 35cm

가터뜨기

50코 약 33cm

b실(루프 얀)로 짧은뜨기

메리야스뜨기

가터뜨기

메리야스뜨기

M 파카 목도리
photo ...p.30

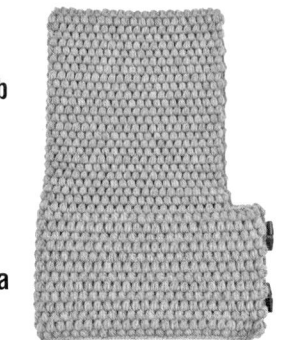 

◎재료

a. 하마나카 소노모노 초극태사
col.12 × 5볼 (200g)

b. 하마나카 소노모노 합태사
col.2 × 3볼 (120g)

길쭉한 단추 × 2개

◎도구

코바늘 7호 (7/0), 8호 (8/0), 10호 (10/0)

◎완성 사이즈

목둘레 62cm, 후드 깊이 23cm

◎뜨는 방법

1. **a**실과 10호 코바늘로 사슬 100코를 잡는다 (8호 바늘로 느슨하게 잡아도 좋다). 《도안 a》

2. 1단부터 8호 코바늘로 긴뜨기 3코 변형 구슬뜨기와 사슬뜨기를 반복하며 13단까지 뜨고 실을 자른다.

3. **b**실과 7호 코바늘로 도안에 표시된 부분부터 긴뜨기 5코 변형 구슬뜨기와 사슬뜨기를 반복하며 24단까지 뜬다.

4. 겉면이 밖에 나오도록 편물을 접고 윗면이 연결되도록 **b**실을 이용하여 도안과 같이 뜬다. 《도안 b》 단추를 달아준다. 《만들기 포인트》

《 만들기 포인트 》

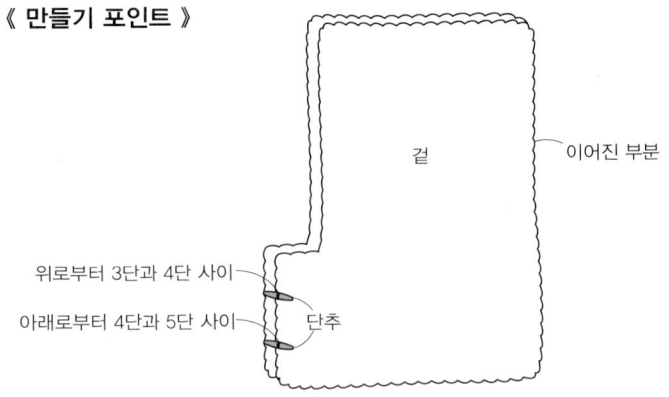

겉

이어진 부분

위로부터 3단과 4단 사이

아래로부터 4단과 5단 사이

단추

《 도안 b 》

겉면이 밖으로 보이게 접어
윗부분을 코바늘뜨기로 잇는다.

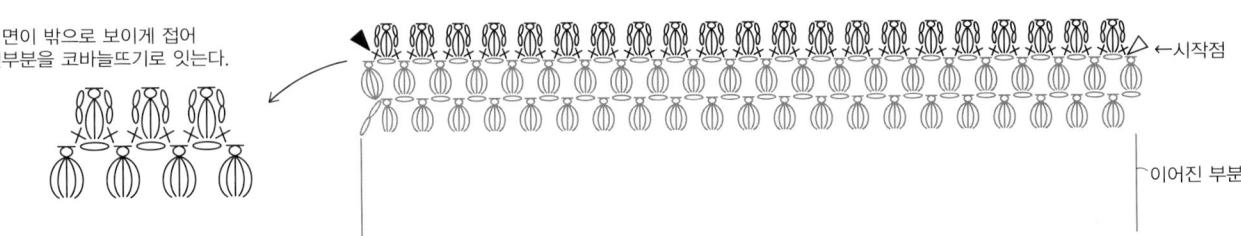

←시작점

이어진 부분

《 도안 a 》

○ =사슬뜨기

× =짧은뜨기

=긴뜨기 3코 변형 구슬뜨기

=긴뜨기 5코 변형 구슬뜨기

▽ =시작점

▼ =끝점

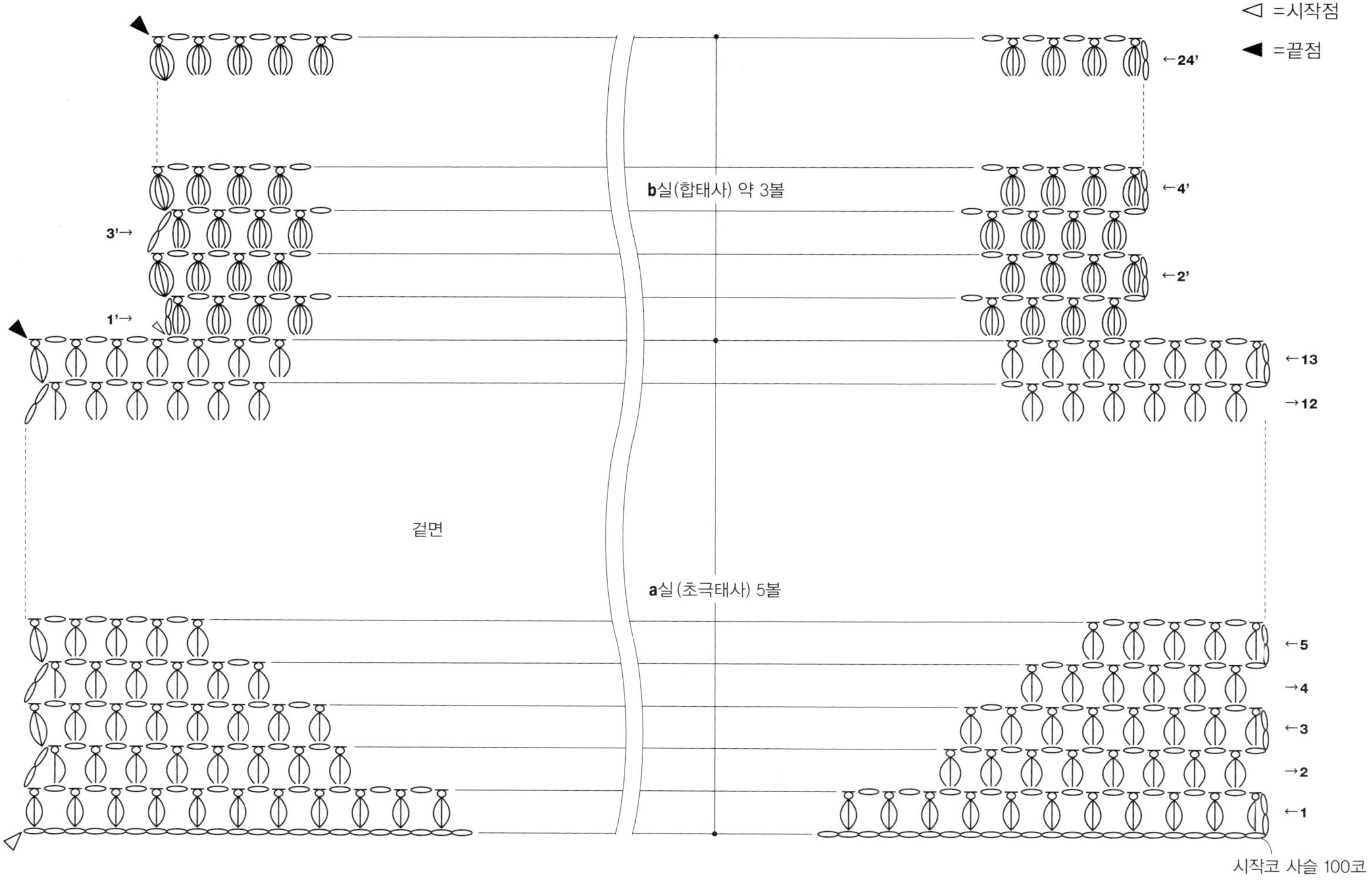

시작코 사슬 100코

b실(흰테사) 약 3볼

a실(초극태사) 5볼

겉면

←24'

←4'

←2'

←13

→12

←5

→4

←3

→2

←1

3'→

1'→

73

N   포켓 목도리
photo …p.32

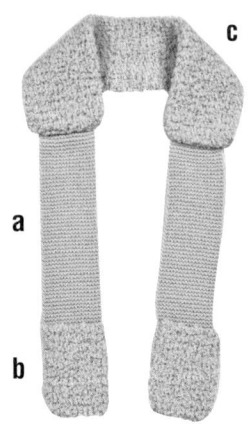

◎ 재료

a. 하마나카 알파카 울

　　col.41 × 2볼 (80g)

b.c. 하마나카 소노모노 루프

　　col.51 × 4.5볼 (180g)

◎ 도구

대바늘 11호

코바늘 8호 (8/0)

◎ 완성 사이즈

길이 152cm, 폭 a=9.5cm, b=12.5cm, c=13cm

◎ 뜨는 방법

1. **a**실은 11호 대바늘로 도안과 같이 뜬다. 가터뜨기. 《**도안 a**》

   ※다 뜬 후 연결용 실을 3m 정도 남겨둔다.

2. **b**실은 8호 코바늘로 도안과 같이 뜬다. 《**도안 b, c**》

   ※보통 루프 얀은 코가 잘 보이지 않아 짧은뜨기 하는 일이 드물지만, 그런만큼 뜨개무늬가 잘 보이지 않기 때문에 꼼꼼하게 코를 찾지 말고 쭉쭉 떠가도록 한다.

3. 가터뜨기(a)와 주머니 편물(b)은 각각 안쪽면이 밖으로 나오게 뒤집어 접고 꿰맨 후 다시 뒤집는다.

4. 목둘레(c) 부분에 가터뜨기(a)를 꿰매어 연결한다. 이때도 안쪽면이 밖으로 나오게 마주대고 꿰맨다. 《**만들기 포인트**》

《 만들기 포인트 》

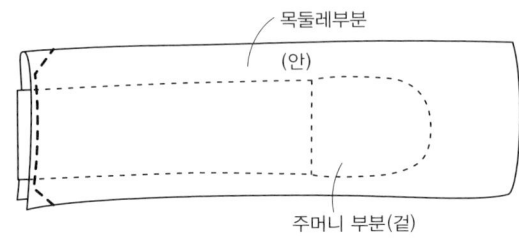

목둘레부분

(안)

주머니 부분(겉)

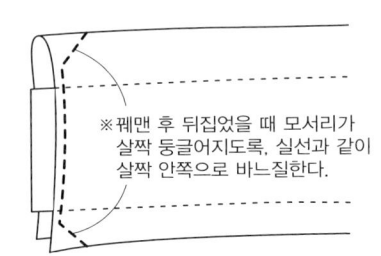

※꿰맨 후 뒤집었을 때 모서리가 살짝 둥글어지도록, 실선과 같이 살짝 안쪽으로 바느질한다.

《 도안 a 》

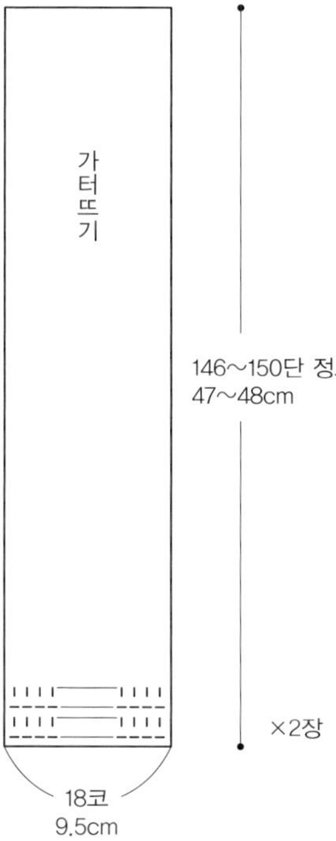

가터뜨기

146~150단 정도
47~48cm

×2장

18코
9.5cm

《 도안 c 》

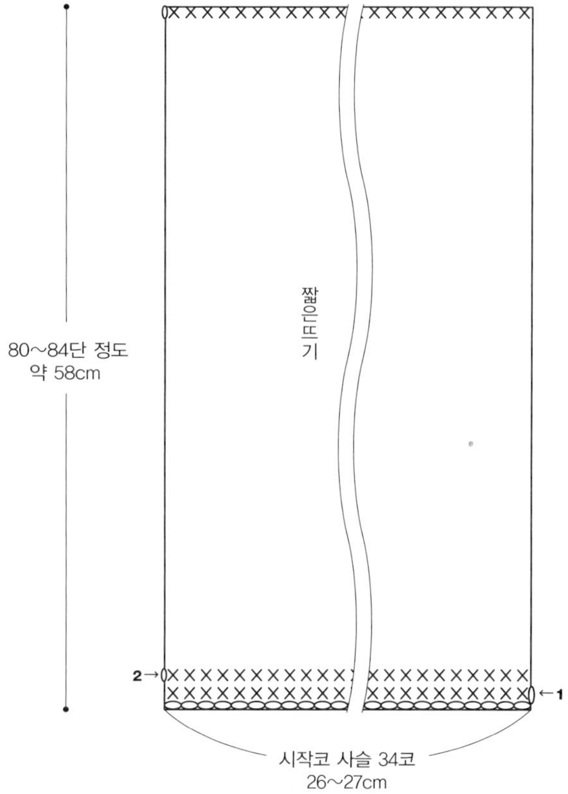

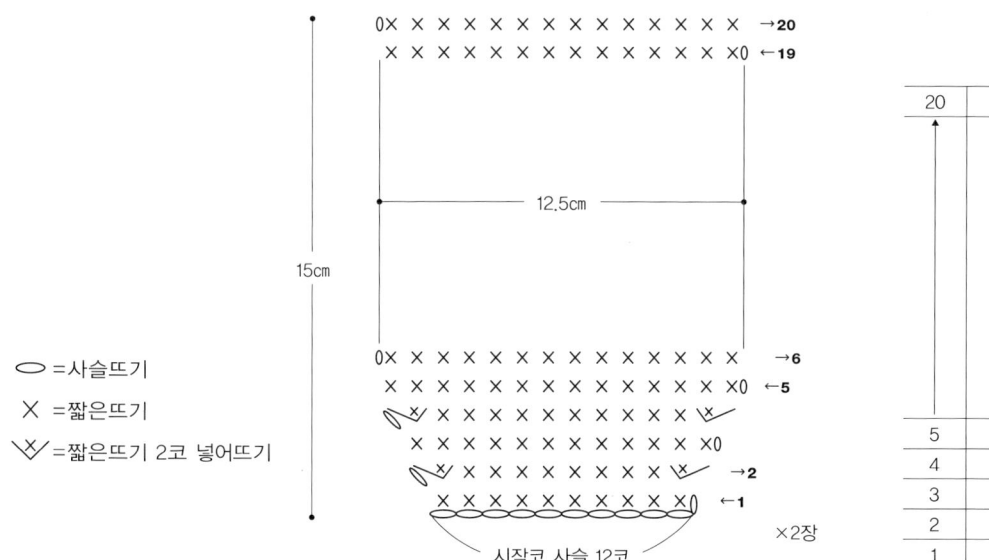

짧은뜨기

80~84단 정도
약 58cm

2→

←1

시작코 사슬 34코
26~27cm

《 도안 b 》

0× × × × × × × × × × × × × × →20
× × × × × × × × × × × × ×0 ←19

12.5cm

15cm

0× × × × × × × × × × × × × →6
× × × × × × × × × × × ×0 ←5

×0

→2

× × × × × × × ×0 ←1

×2장

시작코 사슬 12코

⬭ =사슬뜨기

× =짧은뜨기

=짧은뜨기 2코 넣어뜨기

20	14코

5	14코
4	14코
3	12코
2	12코
1	10코

O 콤비네이션 목도리
photo ...p.34

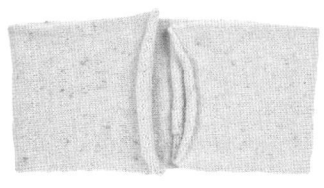
a

b

◎ **재료**
a. 하마나카 소노모노 트위드 col.71 × 3볼 (120g)
b. 하마나카 소노모노 알파카 릴리 col.113 × 3볼 (120g)

◎ **도구**
대바늘 6호
코바늘 8호 (8/0)

◎ **완성 사이즈**
a. 길이 70cm, 폭 17cm
b. 목둘레 60cm, 폭 24cm

◎ **뜨는 방법**
1. **a**실은 6호 대바늘로 80코를 잡아 도안대로 뜬다. 《**도안 a**》 바느질할 실을 남겨두고 3볼 모두 뜬다. 안쪽면이 밖으로 나오게 접고 꿰맨다.
2. **b**실은 8호 코바늘로 53코를 잡아 도안대로 뜬다. 한길긴뜨기 5코 팝콘뜨기. 《**도안 b**》 마찬가지로 안쪽면이 밖으로 나오게 접고 꿰매는데, 이때 구슬 4개만큼 (약 7cm) 은 남겨두고 꿰맨다.
※ 메리야스뜨기와 팝콘뜨기한 것을 연결하지 않고 각각 따로 두르거나 두 개를 겹쳐 목에 두르면 다양한 연출을 할 수 있다. 따뜻함도 두 배!

《 도안 a 》

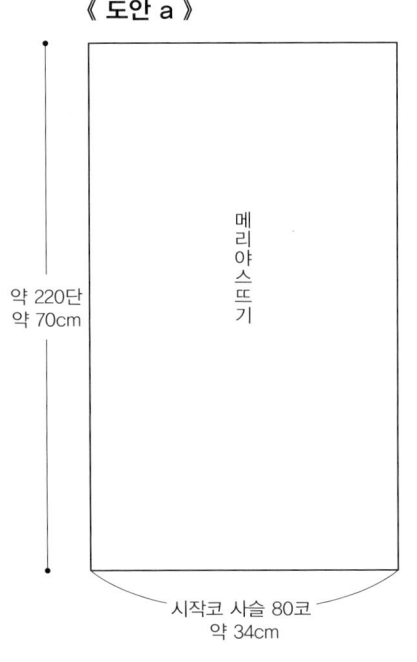

약 220단
약 70cm

메리야스뜨기

시작코 사슬 80코
약 34cm

《 도안 b 》

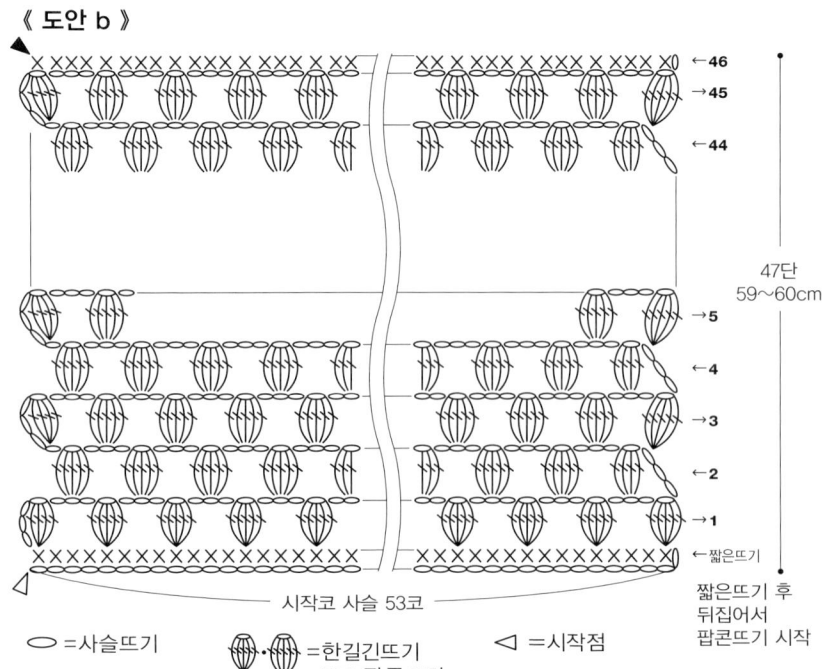

←46
→45
←44
→5
←4
→3
←2
→1
짧은뜨기

47단
59~60cm

시작코 사슬 53코

짧은뜨기 후
뒤집어서
팝콘뜨기 시작

⬭ =사슬뜨기   =한길긴뜨기 5코 팝콘뜨기   ◁ =시작점
X =짧은뜨기   ◀ =끝점

Q 코르사주

photo …p.38

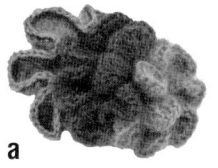
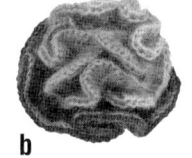

a   b

《 만들기 포인트 》

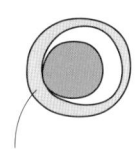
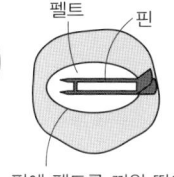

대, 중, 소
크기순으로
겹친다

핀에 펠트를 끼워 떨어지지
않도록 접착제로 고정한다

펠트   핀

◎재료 a

하마나카 알파카 모헤어 핀 col.3 (베이지), col.10 (보라),

col.14 (카키) × 각 5g씩 (약 20cm)

펠트 적당량, 핀 1개, 접착제 적당량

◎도구 a

코바늘 4호

◎뜨는 방법 a

1. **a, b, c**를 각각 도안대로 뜬다.

2. 베이지색 모티브 둘레를 따라 보라색 실로 빼뜨기하여 선을 만든다.

3. 세 개의 모티브를 보기 좋게 겹치고 잘 보이지 않게 뒤쪽에서 몇 군데 꿰매어 고정한다. 바닥에 접착제를 바르고 펠트천과 핀을 붙여준다. 《만들기 포인트》

《 도안 a 》

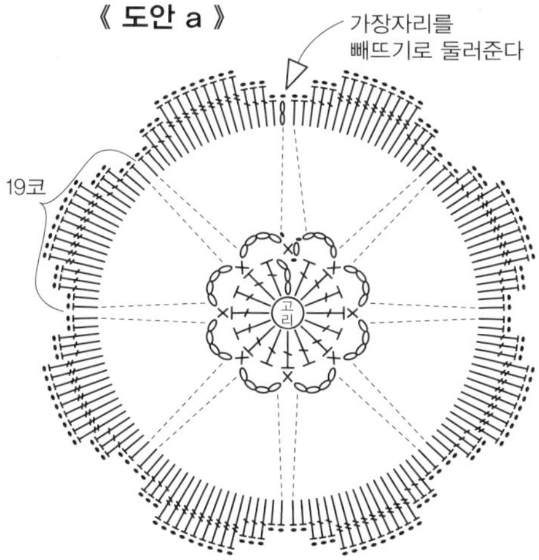

가장자리를
빼뜨기로 둘러준다

19코

대(베이지색)

《 도안 b 》

중(보라색)

《 도안 c 》

소(카키색)

◎재료 b

하마나카 알파카 모헤어 핀

col.14 (카키색), col.18 (갈색), col.21 (연노랑색) 적당량

핀 1개, 펠트천과 접착제 적당량

◎도구 b

코바늘 4호, 5호

◎뜨는 방법 b

3	한길긴뜨기 96코	2단의 2/3만큼, 총 32코까지 한 코당 3코씩 떠서 코를 늘린다.
2	한길긴뜨기 48코	1단의 1코에 3코씩 떠서 코를 늘린다.
1	한길긴뜨기 16코	

《 도안 d 》

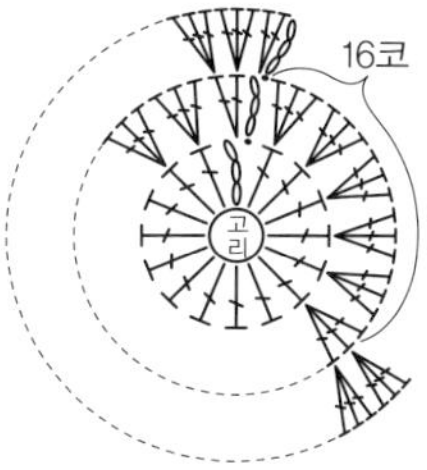

16코

《 도안 e 》

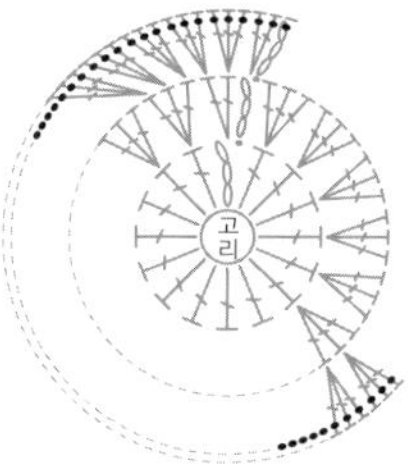

1. 4호 바늘로 col.14 (카키색), 5호 바늘로 col.21 (연노랑색)과 col.18 (갈색)을 도안대로 뜬다. 《도안 d》

2. 갈색 모티브의 테두리에 4호 바늘, 카키색 실로 빼뜨기해서 선을 만들어준다. 《도안 e》

3. 세 개의 모티브를 보기 좋게 배치하여 고정하고, 펠트와 핀을 접착제로 고정한다. 《만들기 포인트》

P 짧은 술 목도리
photo …p.36

◎ 재료

하마나카 아란트위드 col.1 × 5볼 (200g)

하마나카 아란트위드 col.2 × 1볼 (40g)

하마나카 아란트위드 col.7 적당량

하마나카 아란트위드 col.8 적당량

◎ 도구

대바늘 9호

◎ 완성 사이즈

가로 48cm × 세로 40cm

◎ 뜨는 방법

1. 아란트위드 col.1을 9호 대바늘로 80코를 잡아 메리야스뜨기 한 후 꿰맬 실을 남기고 자른다.

   ※양면 모두 사용할 수 있으나 기본적으로 메리야스뜨기의 안뜨기 면이 바깥으로 나오게 만든 디자인이다. 《도안 a》

2. 겉뜨기 면이 안으로 가게 접어서 그림과 같이 꿰맨다. 《만들기 포인트 1》

3. 술을 만든다. (오른쪽 페이지 참조)

   ※col.2 (베이지색) 29개, col.7 (카키색)과 col.8 (진갈색) 각 2개씩, 총 33개.

4. 술을 달아준다. 《만들기 포인트 2》

   ※36쪽 사진 속 디자인은 다른 색 실로 술을 달아주고 일부러 그 실을 길게 남겨두었다.

   ※술의 개수가 많아서 시간이 많이 소요될 수 있지만 그만큼 멋스러운 디자인이 완성된다.

《 만들기 포인트 1 》

꿰맨다

22cm

약 46cm

18cm

《 도안 a 》

메리야스뜨기

약 92cm

시작코 80코
약 43cm

《 만들기 포인트 2 》

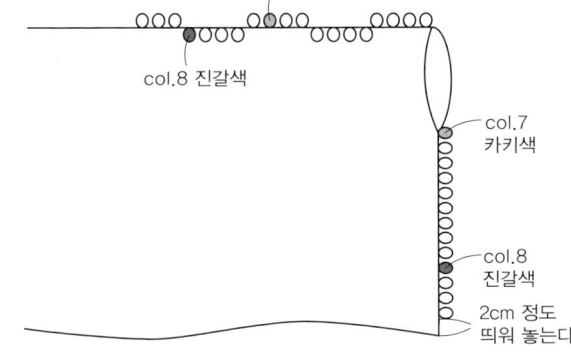

col.7 카키색

col.8 진갈색

col.7
카키색

col.8
진갈색

2cm 정도
띄워 놓는다

《 술 만들기 》

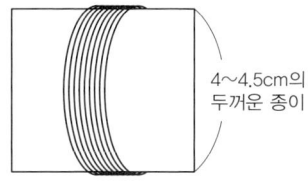

1. 4～4.5cm의 두꺼운 종이에 아란 트위드 실을 12～13회 감는다.

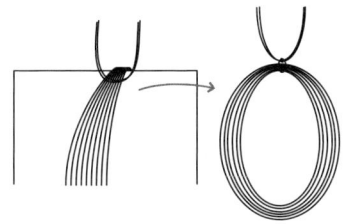

4～4.5cm의 두꺼운 종이

2. 실 중심에 다른 실을 통과시켜 단단히 묶는다.

3. 중심에서 1cm 정도 내려온 곳을 술과 같은 실로 묶고 실 끝은 돗바늘로 안쪽에 넣은 후 끝 길이가 같도록 정리한다. 길이 3.5cm 정도의 짧은 술 완성.

R 목걸이
photo …p.38

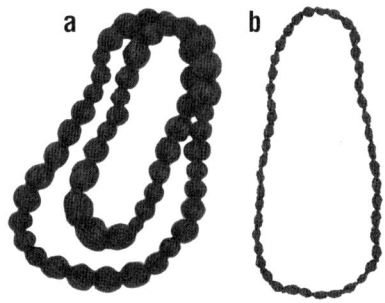

a b

◎재료
로빙 타입 실 × 1볼
같은 색 합태사 ～ 병태사 스탠다드 얀 × 1볼

◎만드는 방법 a
1. 60～70cm 길이의 두꺼운 종이나 테이블에 실을 둘둘 감는다. (실 1개 분량)
2. 스탠다드 얀을 20～25cm 길이로 잘라 로빙 얀을 단단히 묶고 실 끝은 로빙 얀 사이로 감춘다.
   ※처음 묶을 때 4등분의 위치부터 잡으면 실이 흐트러지는 것을 막을 수 있다 (☆표).

◎만드는 방법 b
털실 굵기에 맞는 코바늘로 원하는 길이만큼 도안대로 뜬다 (가는 실, 얇은 바늘로 뜰수록 섬세한 디자인이 완성되며, 가는 모헤어를 2겹 겹쳐 뜨는 것도 좋다).

《 도안 a 》

실 끝은 돗바늘로 다발 속에 감춘다.

《 도안 b 》

긴뜨기 6코
변형 구슬뜨기

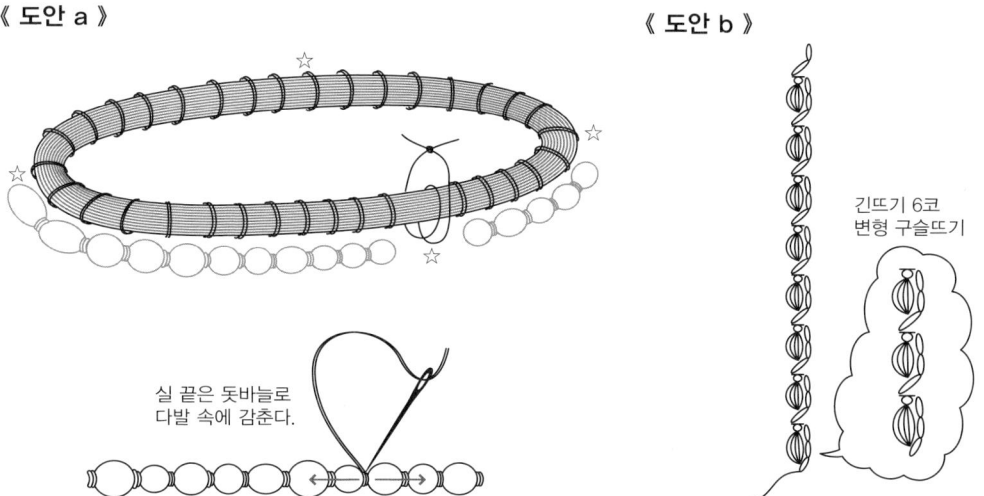

이 책에서 사용한 실과 대체실

- 하마나카 주식회사 http://www.hamanaka.co.jp/, http://hamanaka.jp
- 올림푸스 제사(製絲)주식회사 http://www.olympus-thread.com
- 요코다 주식회사, 달마수편사 http://www.daruma-ito.co.jp/

【 하 마 나 카 】

1. 소노모노 알파카 울
- 구성 : 울 60%, 알파카 40%
- 중량 : 40(약 60cm)
- 바늘사이즈 : 대바늘 10~12호(5~6mm)
- 대체실 : 빅(Big), 파트너 6(Partner 6), 자라 14(ZARA 14)

2. 소노모노 트위드
- 구성 : 울 53%, 알파카 40%, 그 외 7%
- 중량 : 40g(약 110cm)
- 바늘사이즈 : 대바늘 5~6호(3.5~4mm), 코바늘 5호
- 대체실 : 베이비 알파카 DK(Baby Alpaca DK), 필 소프트(Phil soft), 뉴 스포트울(New sportwool), 파트너 3.5(Partner 3.5)

3. 소노모노 로빙
- 구성 : 알파카 40%, 울 30%, 마 30%
- 중량 : 40g(약 64cm)
- 바늘사이즈 : 대바늘 10~12호(5~6mm), 코바늘 8호
- 대체실 : 파트너 6(Partner 6), 펭귄(Penguin), 필 라이트(Phil Light)

4. 소노모노 알파카 릴리
- 구성 : 울 80%, 알파카 20%
- 중량 : 40g(약 120cm)
- 바늘사이즈 : 대바늘 8~10호(4.5~5mm), 코바늘 8호
- 대체실 : 랜도니스(Randonnees), 필 소프트+(Phil soft+), 베이비 알파카 DK(Baby Alpaca DK), 디아망뜨(Phil Diamant), 페트라(Petra)

5. 소노모노 루프
- 구성 : 울 60%, 알파카 40%
- 중량 : 40g(약 38cm)
- 바늘사이즈 : 대바늘 15호(6.5~8mm)
- 대체실 : 라피도(Rapido), 스노우플레이크(Snowflake)

6. 소노모노 슬러브 초극태사
- 구성 : 울 100%
- 중량 : 40g(약 32cm)
- 바늘사이즈 : 대바늘 15호(6.5~8mm)
- 대체실 : 자라 14(ZARA 14), 라피도(Rapido), 네브류스(Nebuleuse)

7. 소노모노 초극태사
- 구성 : 울 100%

- 중량 : 40g(약 40cm)
- 바늘사이즈 : 대바늘 15호(6.5~8mm)
- 대체실 : 자라 14(ZARA 14), 파스코(Pasco)

8. 소노모노 합태사
- 구성 : 울 100%
- 중량 : 40g(약 120cm)
- 바늘사이즈 : 대바늘 4~5호(3.5mm), 코바늘 4호
- 대체실 : 자리나(ZARINA), 램스울(Laine Lambswool), 파트너 3.5(Partner 3.5), 데텐트(Detente)

9. 알파카 모헤어 핀
- 구성 : 모헤어 35%, 아크릴 35%, 알파카 20%, 울 10%
- 중량 : 25g(약 110cm)
- 바늘사이즈 : 대바늘 5~6호(3.5~4mm), 코바늘 4호
- 대체실 : 필 소프트+(Phil Soft+), 디아망뜨(Phil Diamant), 베이비 알파카 DK(Baby Alpaca DK)

10. 버스크
- 구성 : 울 100%
- 중량 : 50g(약 45cm)
- 바늘사이즈 : 대바늘 15호(6.5~8mm), 코바늘 8mm
- 대체실 : 자라 14(ZARA 14)

11. 아란트위드
- 구성 : 울 90%, 알파카 10%
- 중량 : 40g(약 82cm)
- 바늘사이즈 : 대바늘 8~10호(4.5~5mm), 코바늘 8호
- 대체실 : 랜도니스(Randonnees)

【 달마 】

원사에 가까운 메리노울
- 구성 : 메리노울 100%
- 중량 : 30g(약 91cm)
- 바늘사이즈 : 대바늘 6~8호(4.5~5mm), 코바늘 7~7.5호
- 대체실 : 자라 플러스(ZARA PLUS), 자라(ZARA), 서브라임 베이비(Sublime Baby)

【 올림푸스 】

1. 에버필
- 구성 : 울 100%
- 중량 : 40g(약 80cm)
- 바늘사이즈 : 대바늘 8~10호(4.5~5mm), 코바늘 7~8호
- 대체실 : 자라 플러스(ZARA PLUS)

2. 트리하우스 리브스
- 구성 : 메리노울 80%, 알파카 20%
- 중량 : 40g(약 72cm)
- 바늘사이즈 : 대바늘 8~10호(4.5~5mm), 코바늘 7~8호
- 대체실 : 필 소프트+(Phil Soft+)

© Natsumi Kuge 2014

Originally published in Japan in 2014 by NITTO SHOIN HONSHA CO.,LTD., TOKYO,

Korean translation rights arranged with NITTO SHOIN HONSHA CO.,LTD., TOKYO,

through TOHAN CORPORATION, TOKYO, and Botong Agency, SEOUL.

내가 사랑하는 따뜻한 것들
2way로 사용하는 모자, 목도리, 쇼올 손뜨개

초판 1쇄 발행 | 2015년 12월29일
지은이 | 구게 나쓰미
옮긴이 | 이소영
펴낸곳 | 윌스타일
펴낸이 | 김화수
출판등록 | 제300-2011-71호
주소 | (110-872) 서울시 종로구 사직로8길 34, 1203호
전화 | 02-725-9597
팩스 | 02-725-0312
이메일 | willcompany@nate.com
ISBN | 979-11-85676-24-1   13590

이 도서의 한국어판 저작권은 Botong Agency를 통한 저작권자와의 독점 계약으로
윌컴퍼니가 소유합니다. 저작권법에 의해 한국 내에서 보호를 받는 저작물이므로 무단
전재와 무단복제를 금합니다.

* 윌스타일(WILLSTYLE)은 윌컴퍼니(WILLCOMPANY)의 취미·실용 전문 브랜드입니다.
* 잘못된 책은 구입하신 곳에서 바꿔드립니다.
* 책값은 뒤표지에 있습니다.

이 도서의 국립중앙도서관 출판예정도서목록(CIP)은 서지정보유통지원시스템 홈
페이지(http://seoji.nl.go.kr)와 국가자료공동목록시스템(http://www.nl.go.kr/
kolisnet)에서 이용하실 수 있습니다.(CIP제어번호: CIP2015034114)